KB197898

넥스트 레벨
팬데믹과
백신 전쟁

글 **김응빈**

맨눈에 보이지 않는 생물의 매력에 빠져 거의 40년을 미생물과 씨름하고 있습니다.
미국 럿거스대학교에서 박사 학위를 받고 미국식품의약국(US FDA)에서 연구하다가,
1998년부터 연세대학교에서 미생물을 연구하며 학생을 가르치고 있습니다.
2005년 연세대학교 '최우수 강의 교수상'을 받았고,
연세대 입학처장과 생명시스템대학장, 한국 환경생물학회 부회장 등을 역임했습니다.
인문예술학자와 함께 융합 연구를 하고,
유튜브 채널 〈김응빈의 응생물학〉을 통해 흥미진진한 생물 이야기를 전하고 있습니다.
지은 책으로 《오늘은 유전자가위》, 《생물학의 쓸모》,
《온통 미생물 세상입니다》, 《나는 미생물과 산다》 등이 있습니다.

글 **최향숙**

역사와 문화, 철학 등 인문 분야에 관한 책 읽기와 재미있는 상상하기를 즐겨하다, 어린이 책을 기획하고
쓰기 시작했습니다. 아들을 키우면서 수학과 과학에 관심을 두기 시작했고, 아들이 영재학교에 진학하면서
덩달아 첨단 과학과 미래 사회에 흥미를 갖게 되었습니다. 그리고 10년 뒤, 50년 뒤, 300년 뒤의
사람과 사회를 공부하고 생각하다, 《넥스트 레벨》 시리즈를 기획하고 집필하게 되었습니다.
지금까지 기획하고 쓴 책으로는 《수수께끼보다 재미있는 100대 호기심》, 《우글와글 미생물을 찾아봐》,
《아침부터 저녁까지 과학은 바빠》, 《엉뚱하지만 과학입니다》 시리즈 등이 있습니다.

그림 **젠틀멜로우**

우리 주변에서 흔히 볼 수 있는 자연과 사물에 감정을 담아서 생각을 그림으로 표현하는 작업을
해 오고 있습니다. 동화책뿐 아니라 전시, 패키지, 책 표지, 포스터, 삽화 등 다양한 분야에서 활동합니다.
지금까지 그린 책으로는 《Ah! Art Once》, 《Ah! Physics Electrons GO GO GO!》,
《열세 살 말 공부》, 《엉뚱하지만 과학입니다 7 나만 몰랐던 코딱지의 정체》, 《색 모으는 비비》,
국립제주박물관 어린이박물관 도록 《안녕, 제주!》 등이 있습니다.

넥스트 레벨
팬데믹과 백신 전쟁

김응빈·최향숙 글 | 젠틀멜로우 그림

이 책을 보는 법

Level을 Clear하고, Next Level로 Go Go!

이 책의 제목인 '넥스트 레벨'이 뭐냐고? '비교 불가능한,
이전보다 더 나은, 보다 발전한……' 이런 뜻이야! 한마디로 한수 위라는 거지!
이 책의 주인공인 '나'와 함께 3개의 Level을 Clear하고,
팬데믹과 백신 분야의 넥스트 레벨이 되어 보자!

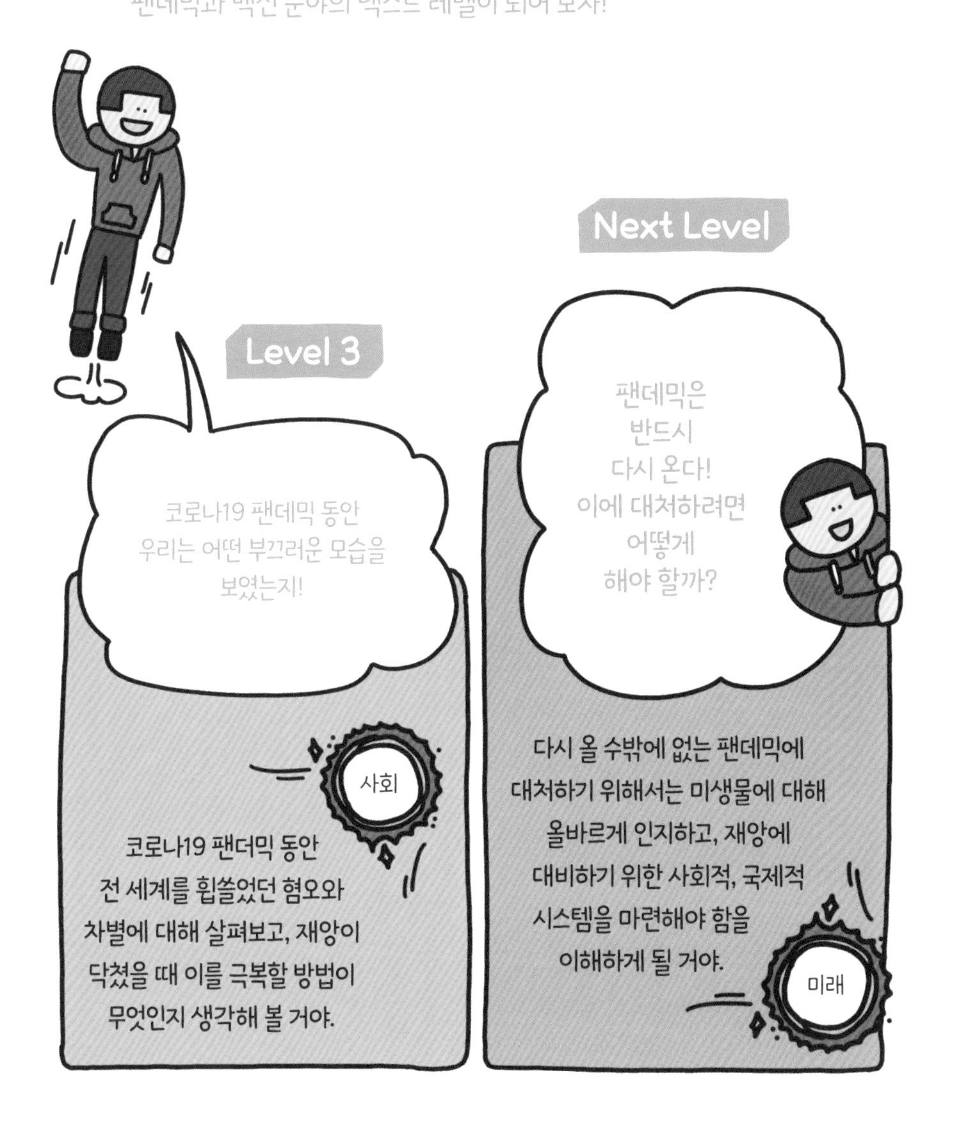

차례

Level 3 팬데믹이 보여 준 인류의 민낯
붕괴와 혐오, 그리고 불평등

Next Level 다시 올 팬데믹을 대비하라!
우리의 자세

프롤로그 감염병? 백신!

학교가 문을 닫아 집에서 수업을 듣고, 항상 마스크를
쓰고 다니는 경험을 다들 했을 겁니다. 코로나19 팬데믹(세계적인
유행병)을 극복하기 위한 일상의 노력 가운데 하나였죠.
역사를 돌아보면, 많은 사람이 감염병에 걸리고, 또 그것을
이겨내기 위해 나름대로 애썼던 시기가 여러 번 있었습니다.

팬데믹은 왜 일어나고, 도대체 어떻게 대처해야 할까요?
이 책에서는 코로나19뿐만 아니라, 과거에 있었던
다른 팬데믹도 함께 알아볼 거예요. 예를 들어,
백여 년 전쯤에도 무서운 인플루엔자가 크게 유행했어요.
당시 사람들은 무엇이 병을 일으키는지도
잘 몰랐고 지금처럼 백신도 없었지만,
여러 가지 방법으로 병을 이겨내려고 노력했답니다.
오늘날 우리는 발전한 과학과 의학 덕분에 백신과 치료제로
많은 질병을 예방하고 치료할 수 있게 되었지요
그렇다면 백신이란 무엇일까요?

백신은 우리 몸이 병에 걸리지 않도록 도와주는 약이에요.
백신 덕분에 우리는 많은 사람의 목숨을 앗아간
감염병을 예방할 수 있게 되었죠.
하지만 백신에 대해 걱정하거나 불안해하는 사람들도 있어요.
이 책에서는 백신의 중요성과 함께,
백신을 둘러싼 다양한 의견과 시각도 함께 살펴볼 거예요.

그런 다음, 우리가 앞으로 어떻게 해야 더 건강하고
안전하게 지낼 수 있을지 생각해 볼 거예요.
과거의 경험을 통해 배운 교훈을 현재와 미래에
어떻게 적용할 수 있을지 함께 고민해 봐요.
이 책은 다양한 관점과 생각할 거리를 제공하거든요.

정보가 넘쳐나는 세상에서 무엇이 진실인지,
어떤 정보가 믿을 만한지를 판단하는 능력이 책장을 넘길수록
점점 자라나길 바랍니다.

2019년 12월 말, 정체불명의 바이러스가 나타나더니
두 달 만에 전 세계를 팬데믹으로 밀어 넣었어.
이렇게 시작된 코로나19 팬데믹은 3년 가까이
세상을 마비시켰지.
그런데 이런 일이 이때가 처음은 아니었어.
14세기 흑사병부터 20세기 1918년 인플루엔자까지!
인류를 공포와 혼란으로 밀어 넣은
팬데믹을 일으킨 범인들이 궁금하지 않아?
지금부터 그 범인들을 만나러 가 보자고!

Level 1

바이러스의 공격과 팬데믹

COVID-19

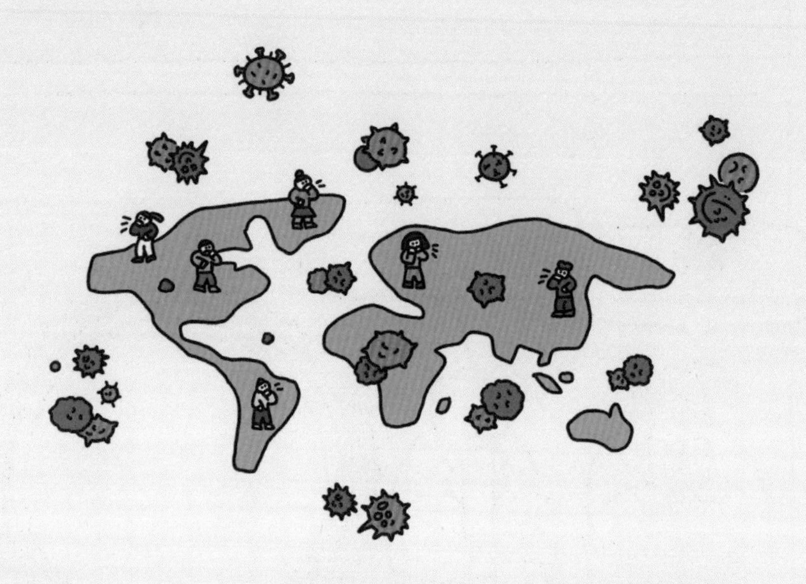

한 번도 경험해 보지 못한!

2019년 겨울이었지.
갑자기 폐렴 환자가 급증했어.

과학자들은 곧 폐렴을 일으키는 원인을 찾아냈어.
코로나바이러스네!
맞아! 그런데 이런 유형은 처음 보는데……?
코로나는 왕관이라는 뜻이야. 바이러스에 왕관 모양 돌기가 있어 코로나바이러스라고 불렀지.

그런데 당시 발견한 코로나바이러스는 처음 보는 변종이었어.
환자들이 밀려들고 있어요!
아…… 어쩌지?
이 바이러스는 2019년 12월 31일, 세계 보건 기구WHO, World Health Organization에 공식 보고됐어.

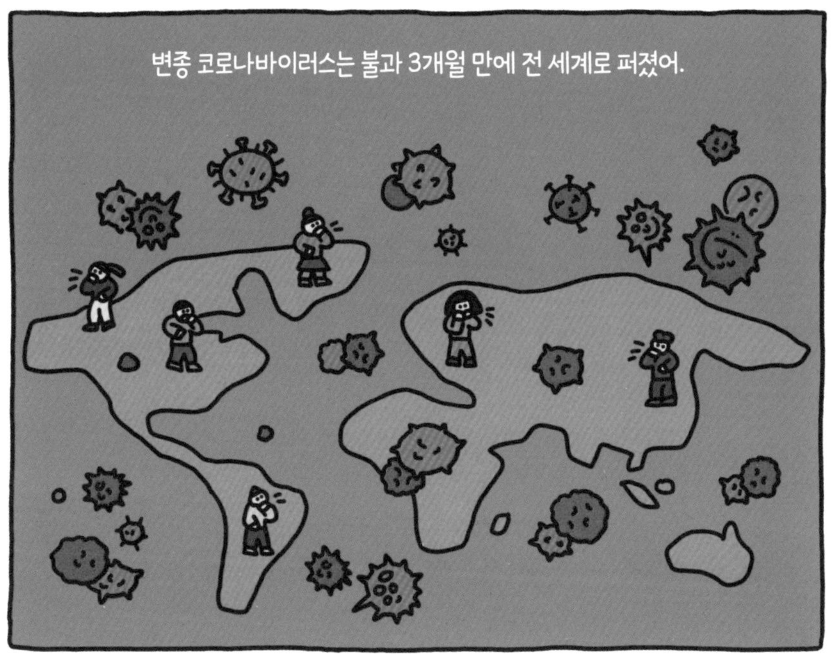
변종 코로나바이러스는 불과 3개월 만에 전 세계로 퍼졌어.

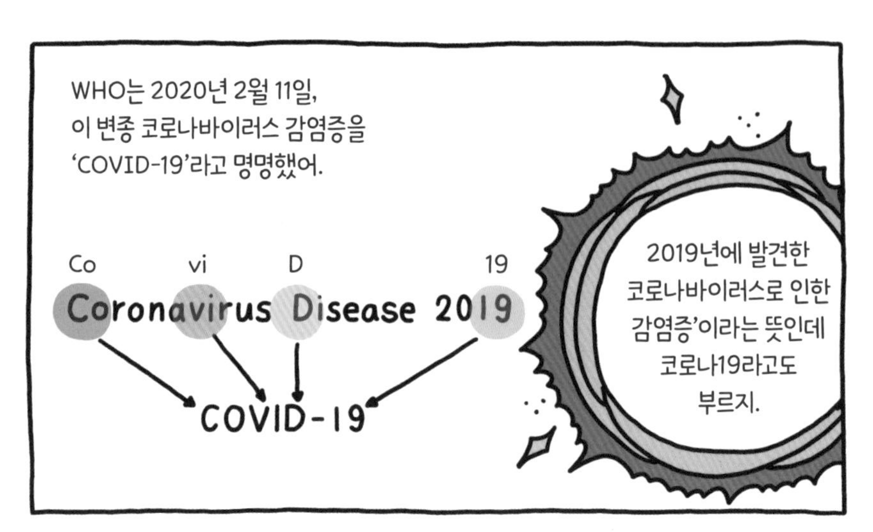

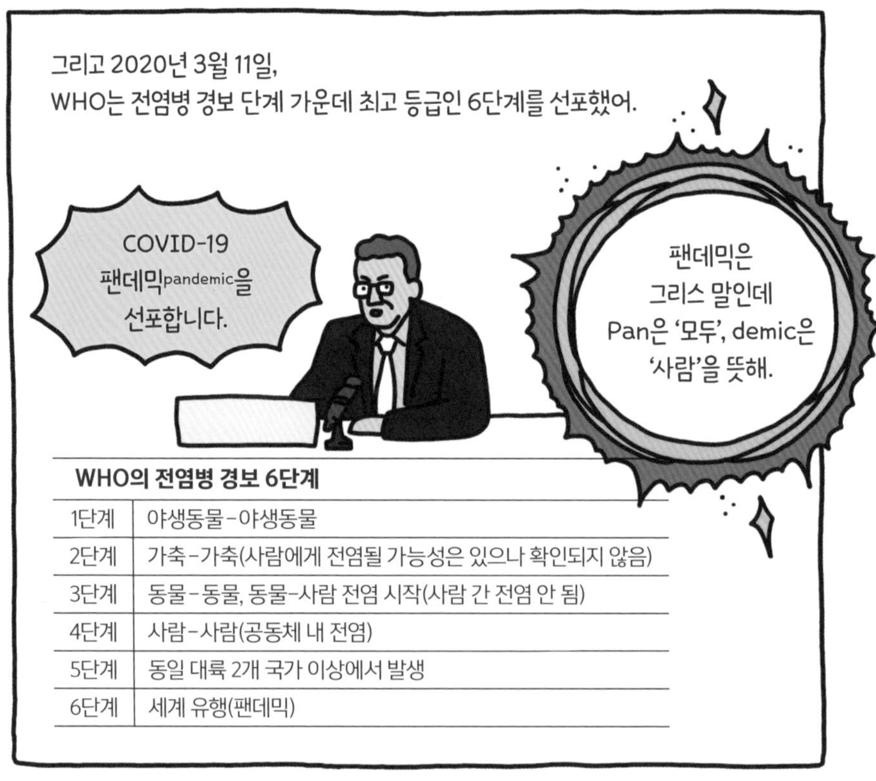

WHO의 전염병 경보 6단계

1단계	야생동물-야생동물
2단계	가축-가축(사람에게 전염될 가능성은 있으나 확인되지 않음)
3단계	동물-동물, 동물-사람 전염 시작(사람 간 전염 안 됨)
4단계	사람-사람(공동체 내 전염)
5단계	동일 대륙 2개 국가 이상에서 발생
6단계	세계 유행(팬데믹)

그런데 코로나19는 치료제는 커녕
치료를 할 수가 없네.
처음 발견된 변종이었으니까…….

감염을 예방할 수 있는 백신도 없었어.
얼른 도망쳐!
가까이 갔다간 옮을 거야.

백신도 치료제도 없는 상황에서 사람들이 코로나19에 맞설 방법은 오직 하나!
바이러스가 전염되지 않도록 사람 간 거리를 두는 것뿐이었어!

사람들의 생활은 하루아침에 달라졌지.
사람이 많은 곳에 가는 건 엄두도 못 냈고.

산업 현장도 제대로 돌아갈 수 없었어.

되도록 모든 걸 집에서 해야 했지.
김 대리, 내일까지 서류 작성해서 메일로 보내요!
예! 알겠습니다.
맞다! 그래서 학교도 안 갔지!

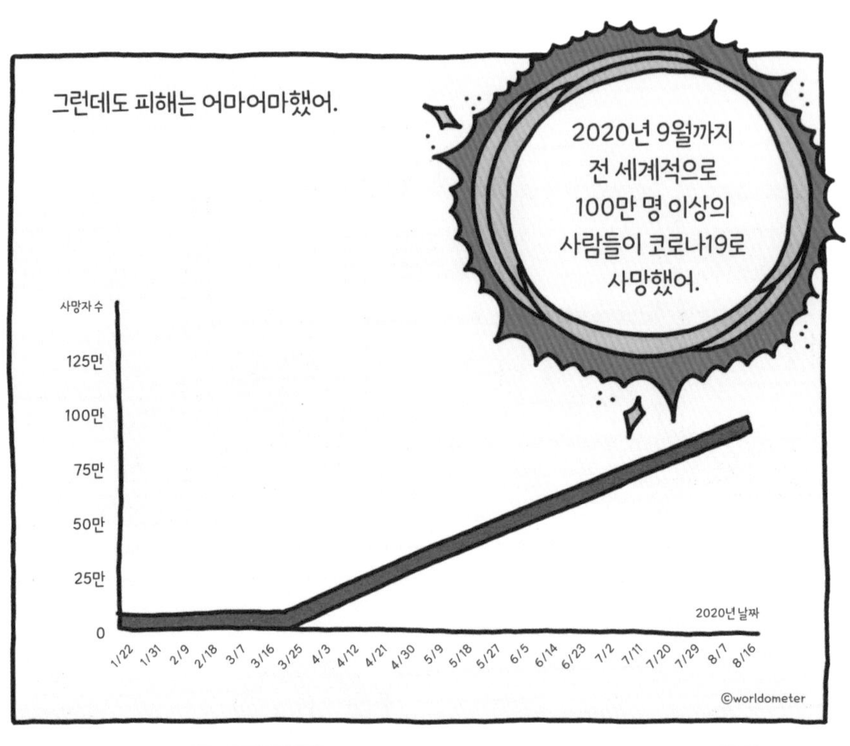
그런데도 피해는 어마어마했어.
2020년 9월까지
전 세계적으로
100만 명 이상의
사람들이 코로나19로
사망했어.
사망자 수
125만
100만
75만
50만
25만
0
2020년 날짜
1/22
1/31
2/9
2/18
3/7
3/16
3/25
4/3
4/12
4/21
4/30
5/9
5/18
5/27
6/5
6/14
6/23
7/2
7/11
7/20
7/29
8/7
8/16
©worldometer

몇몇 나라에는 사망자들을 안장할 관과 매장지가 부족할 지경이었지.

코로나19에 걸린 사람들은 물론 건강한 사람들도 고통받았어.
아, 몇 달째 손님이 없으니!
아…… 몇 달째
돈을 못 벌었겠네!

도대체 코로나19를
일으킨 바이러스는
어떤 녀석이야?
코로나19를 일으킨
녀석의 정체를
알려 줄게!
좋아!
알아야겠어.

Check it up 1 생물

바이러스,
넌 누구냐?

이젠 상식처럼 되어 다 알지만,

코로나19 팬데믹을 일으킨 범인은 '변종 코로나바이러스'야.

수많은 바이러스 가운데 코로나바이러스,

코로나바이러스 가운데 변종이 범인인 거야.

변종 코로나바이러스에 대해 알려면

먼저 '바이러스'가 뭔지부터 알아야 해.

아무리 코로나, 또 제아무리 변종이라도

바이러스 고유의 특징을 가지고 있으니까.

바이러스는 아주 작은 입자야.

입자란 보통 맨눈으로 볼 수 없는 아주 작은 물체를 말하는데

이렇게 보면 바이러스는 무생물이야.

그런데 바이러스는 살아 있는 세포를 만나면 활성화돼.

움직이고 자손을 퍼뜨리는 거야.

운동과 증식(혹은 생식)은 생물만이 가지는 고유한 특징이지!

이처럼 바이러스는 무생물의 특징과 생물의 특징을 모두 지닌

아주아주 특이하고 특별한 존재야.

이런 바이러스는 종류도 셀 수 없이 많고

그 수를 헤아리는 건 불가능할 정도야.

과학자들은 편의상 바이러스를 비세포성 미생물이라고 부르지.

세포가 아닌 미생물이라는 거야.

미생물은 세균(박테리아), 곰팡이와 같은 작은 생물들이야.

바이러스는 이 미생물 가운데서도 가장 작아.

우리 몸을 이루는 세포보다도 훨씬 작지.

세포 속에 바이러스를 넣는다면

100만 마리 이상 들어갈 수 있을 정도라고 해.

바이러스는 우리 주변 어디에든 있어.

땅에도 물에도 공기에도!

지금 읽고 있는 이 책 위에도 분명히 있을 거야.

이때 바이러스는 먼지와 같은 무생물이야.

그러다 살아 있는 세포를 만나면

생물로서의 본능, 즉 증식하고자 하는 본능이 깨어나.

그러면 **바이러스는 세포 속으로 들어가려고 해**.

세포는 생명체를 이루는 가장 기본적인 단위야.

이 세포가 증식하면서 생물은 생장하지.

세포 속에는 자신의 유전 물질을 복제해서

자신과 똑같은 유전자를 가진 새로운 세포를 만들어 내는

물질이 모두 갖추어져 있거든.

그에 반해 바이러스에게는 유전 물질과 그것을 감싼 껍질만 있어.

그 유전 물질을 복제해서

자신과 똑같은 바이러스를 만들어 낼 수 있는 물질이 없어!

그래서 바이러스가 세포 속으로 들어가려고 하는 거야.

세포 속 물질을 이용하려고!

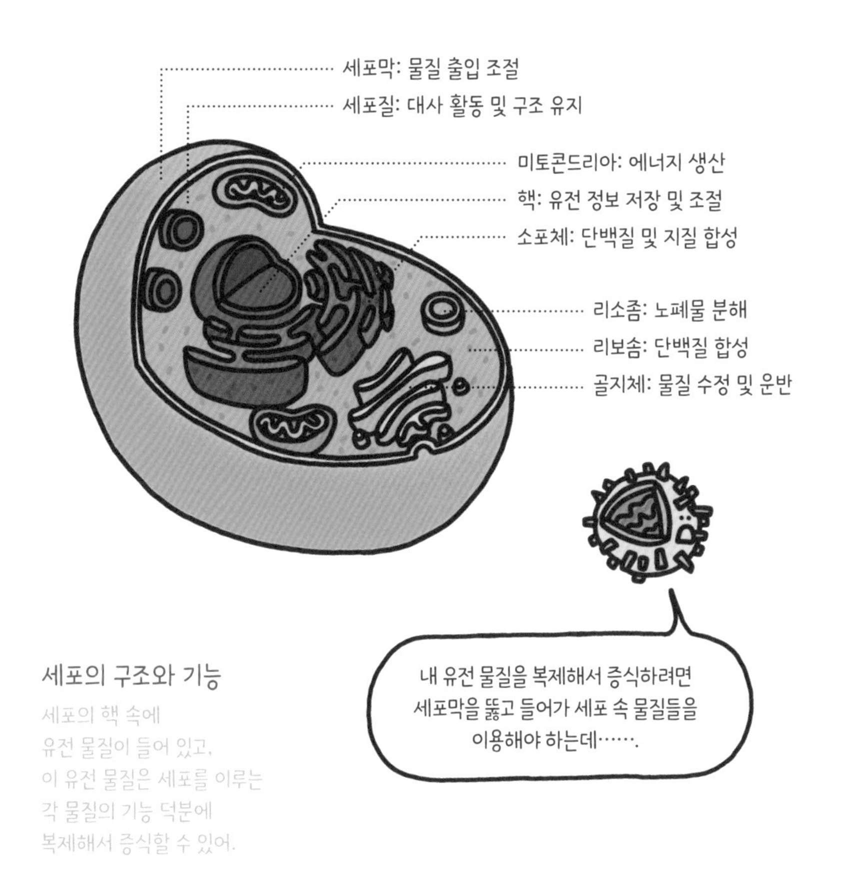

세포의 구조와 기능

세포의 핵 속에
유전 물질이 들어 있고,
이 유전 물질은 세포를 이루는
각 물질의 기능 덕분에
복제해서 증식할 수 있어.

바이러스가 세포 속 물질을 이용하면

그 과정에서 세포는 생명이 다하거나

바이러스가 뿜어내는 독소로 죽고 말아.

그래서 바이러스가 우리 몸에 병을 일으키는 거야.

바이러스가 세포 속으로 들어가려면 세포막을 통과해야 해.
세포막은 아무 물질이나 세포 속으로 들여보내지 않아.
그런데 세포막의 모양이나 세포막을 이루는 성분에 따라
특정한 바이러스가 잘 부착돼 세포막을 쉽게 통과할 수 있어.
대표적인 게 우리 사람들의 세포와
코로나19 팬데믹을 일으킨 변종 코로나바이러스야.

코로나바이러스란 이름은
라틴어로 왕관을 뜻하는 코로나Corona에서 유래되었다고 해.
바이러스 끝에 튀어나온 스파이크 단백질이
코로나바이러스를 왕관처럼 보이게 했던 거야.
그런데 이 스파이크 단백질이
우리 몸의 세포막에 있는
ACE2라는 수용체와
딱 들어맞는 거야.
마치 레고 블록 조각처럼!

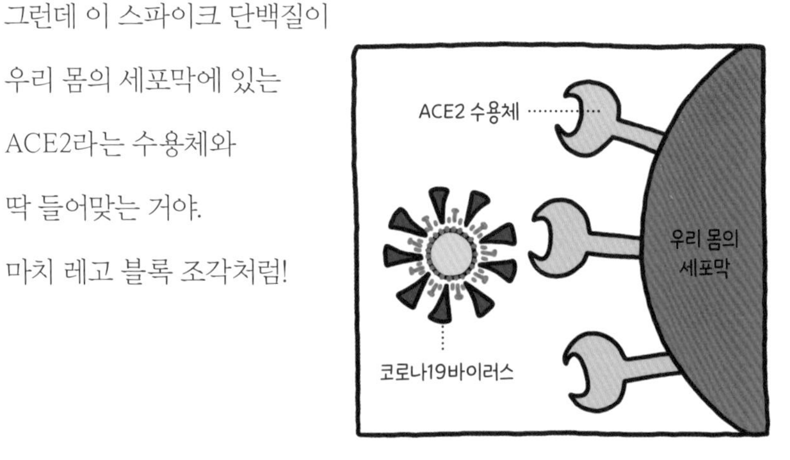

코로나바이러스와 우리 몸의 세포막

그런데 ACE2 수용체는 우리 몸 가운데

호흡기를 이루는 세포에 많아.

그래서 변종 코로나바이러스는 호흡기 쪽 세포막에 딱 붙어

세포막을 통과해 들어갈 수 있었던 거야.

바이러스가 세포 속에 침투해서

세포 속 물질을 이용해 복제를 시작하면

바이러스는 증식하겠지?

하지만 이 과정에서 우리 몸의 세포가 망가져.

그럼 세포들은 정상적인 역할을 하지 못해

여러 증상, 즉 병이 생기는 거야.

코로나19를 일으키는 바이러스를 부르는 공식 이름은

SARS-CoV-2이야.

사스SARS는 중증 급성 호흡기 증후군Severe Acute Respiratory Syndrome을,

CoV는 코로나바이러스Coronavirus를 뜻해.

숫자 2는 사스 바이러스와 비슷하지만 새로운 종류,

곧 변종임을 나타내지.

변종이 생기는 건, 유전 정보를 복제하는 과정에서

돌연변이가 생기기 때문이야.

돌연변이란 말 그대로 돌연히 유전자에 생기는 변이를 말해.

돌연변이는 언제 어디서 생길지 몰라.

왜냐고?

유전 정보를 복제한다는 것은 한마디로

책에 쓰인 글자를 키보드로 그대로 옮겨 치는 것과 같아.

아무리 정신을 똑바로 차리고 키보드를 친다고 해도

한 글자도 틀리지 않고, 문장 부호 하나 빼지 않고

책에 쓰여 있는 그대로 옮겨 칠 수 있을까?

한 권이면 가능할지 몰라.

하지만 수백, 수천, 수만 권이라면?

어떤 책에서는 틀린 글자가 있을 거고

어떤 책에서는 빠진 문장이 있을 수도 있어.

때에 따라서는 한 장을 몽땅 빼먹을 수도 있고!

돌연변이는 이렇게 유전 정보를 복제하는 과정에서

틀리거나 빼먹는 등의 실수로 발생하는 거야.

코로나19 팬데믹을 일으킨 SARS-CoV-2 역시

이런 과정을 통해 나타난 변이 바이러스야.

가장 최근에 밝혀진 코로나바이러스의 변종으로,

유전자 구조가 사스 코로나바이러스와 79.5%,

박쥐의 코로나바이러스와 96% 일치한다고 하지.

Check it up 2 상식

팬데믹, 처음이 아니야!

SARS-CoV-2 이전에도 전 세계를 떨게 만든 바이러스들이 있어.

팬데믹이 처음이 아니었던 거야.

1차 세계 대전이 한창이던 1918년,

유럽의 서부 전선에 주둔하던 미군 부대에서

독감이 유행하더니 순식간에 4만 명 이상이 목숨을 잃었어.

그 뒤, 전쟁에 참전한 많은 나라를 중심으로

원인을 알 수 없는 독감이 유행했어.

백신도 치료제도 없는 지독한 독감이었지.

독감의 원인은 인플루엔자 바이러스였는데
약 1년 동안 전 세계에서 5억 명이 감염돼서
5천만 명 이상이 숨을 거두었어.

하지만 전쟁에 참전 중인 나라들은
독감과 관련된 보도를 하지 않았어.
전쟁에 나쁜 영향을 끼칠 걸로 생각했기 때문이지.
전쟁에 참여하지 않았던 스페인에서만
독감에 관한 기사를 대대적으로 보도했어.

ⓒ Everrett Historical / Shutterstock.com

1918년 인플루엔자 유행 당시 마스크를 쓴 사람들

독감은 미국에서 시작돼 전쟁으로 전 세계에 퍼졌어.
유럽의 서부 전선에서 싸우던 미군들이
다른 나라 군인들에게 옮겼고
그 군인들이 고국으로 돌아가면서 전 세계로 퍼져 나갔거든.
하지만 사람들은 이 독감을 '스페인 독감'이라고 불렀어.
스페인에서만 기사를 내서, 독감에 대해서는 오직
스페인의 라디오나 신문을 통해서만 정보를 얻을 수 있었기
때문이지.
2015년부터 국제보건기구WHO가 나서
새로 발견된 병원체를 명명할 때, 지역명을 피하고
과학적으로 타당하고 사회적으로 수용할 수 있는
이름을 부여할 것을 강조하고 있다는 거 알지?
그래서 요즘은 '1918년 인플루엔자'로 부르고 있어.

1918년 인플루엔자는 점차 물러갔어.
하지만 겨울만 되면 다시 인플루엔자로 인한 독감이
사람들을 괴롭혔지.
모두 1918년 인플루엔자 바이러스의 후손들이 일으킨
독감이었어.

인플루엔자 독감은 1958년쯤과 1968년쯤

아시아를 중심으로 크게 유행하기도 했어.

이로 인해 1957년~1958년에 200만 명,

1968년~1969년 100만 명 이상이 목숨을 잃었다고 해.

1918년 인플루엔자 이후 백신이 개발되어

그나마 피해를 줄일 수 있었던 거야.

2009년 인플루엔자 바이러스는 신종 인플루엔자 바이러스로

다시 사람들을 공포에 떨게 했어.

흔히 신종플루라고 불렀던 이 바이러스는

기존의 인플루엔자 바이러스 백신으로는 예방이 힘든

변이 바이러스였어. 그래서 신종이라는 이름이 붙은 거지.

1918년 이후 인플루엔자에 대한

연구가 쌓여 있었기 때문에

백신 개발은 재빨리 이루어졌어.

그래서 감염자는 15억 명이나 되었지만

사망자는 10~50만 명 정도로 보고 있어.

독감과 감기는 증세가 비슷한 편이라서,

감기가 지독하면 독감이라고 생각하는 사람들이 많아.

독감과 감기의 증세가 비슷하면서

독감의 증세가 감기보다 심각해서 이런 생각을 하는 것이겠지만,

독감과 감기는 원인 바이러스가 달라.

독감은 인플루엔자 바이러스가 일으키고

감기는 라이노 바이러스, 아데노 바이러스 등

여러 바이러스가 일으키거든.

대응법도 달라서 **독감은 예방 접종**을 권장해.

증세도 심하고 심각한 합병증을 유발할 수 있거든.

그래서 WHO는 해마다

'글로벌 인플루엔자 감시 및 대응 시스템GISRS, Global Influenza Surveillance and Response System'을 통해서

세계 여러 나라에서 인플루엔자 바이러스 샘플을 수집해.

현재 유행 중인 바이러스와 새롭게 발견된 변종을 비교해서

다음 시즌에 유행할 가능성이 큰 바이러스를 예측하는 거야.

그 예측을 바탕으로 백신을 생산하고 접종하도록 하지.

감기는 원인 바이러스 종류가 많은 탓에 변이 예측이 어려워.
백신 개발도 쉽지 않지.
다행히 대부분의 감기 증상은 가벼운 편이라서
예방 접종보다는 증상 완화 치료에 중점을 둬.
그게 더 실제적이고 효과적이기 때문이야.

자, 다시 전 세계적으로 유행했던 감염병으로 돌아와 볼까?
인플루엔자 이외에도 크게 유행한 감염병으로는
2002년과 2012년에 각각 발생한
사스(SARS, 중증급성호흡기증후군)와
메르스(MERS, 중동호흡기증후군)가 있어.
원인 바이러스는 각각 사스 코로나바이러스SARS-CoV와
메르스 코로나바이러스MERS-CoV지.
코로나19 팬데믹을 일으킨 코로나바이러스와는 사촌이야.

그런데 인플루엔자 바이러스와 코로나바이러스만

우리를 위협할까?

앞에서도 말했지만, 바이러스의 종류는 셀 수 없이 많아!

게다가 위 두 바이러스보다 훨씬 두려운 바이러스들도 있어.

대표적인 게, '**인간 면역 결핍 바이러스** HIV, Human Immunodeficiency Virus'야.

HIV는 우리 몸에 들어와 서서히 면역 기능을 떨어뜨리면서 각종

감염증이나 악성 종양을 일으켜. 제대로 치료하지 않으면,

우리 몸의 면역 기능이 완전히 망가지지. 이게 바로 후천성 면역

결핍증, 즉 에이즈 AIDS, Acquired Immune Deficiency Syndrome야.

에이즈는 1980년대에 처음 보고된

이래로 지금까지 약 3천7백만 명이

목숨을 잃었다고 하는데, 다행히

치료약이 개발되어 한숨 돌리는

상황이야.

에이즈에 대한 관심을 불러일으킨 가수

에이즈로 투병 중이던 영국 출신의 세계적인 그룹, 퀸(Queen)의 보컬 프레디 머큐리는 에이즈에 관심을 호소한 다음 날 숨을 거뒀어. 이 일로 많은 사람이 에이즈에 관심을 두게 되었지.

ⓒ Luiyo, Wikimedia

2014년에 서아프리카에서는 에볼라 Ebola 바이러스가 유행했는데,

28,000여 명이 감염돼, 그중 약 11,000명이 목숨을 잃었어.

감염자 10명 중 4명이 사망한 거야.

다행히 의료진들이 감염 지역으로 달려가 환자들을 치료하고,

많은 사람이 병이 퍼지지 않도록 노력했지.

또 백신이 개발되어, 지금은 많은 사람을 보호할 수 있게 됐어.

2015년에는 브라질에서 지카 ZIKA 바이러스가 보고되어

사람들의 간담을 서늘하게 했어.

병에 걸렸을 때 증상은 그리 무서운 편이 아닌데,

임신한 여성에게는 큰 위협이 됐어.

산모가 지카 바이러스에 감염되면,

태아의 뇌 발달에 영향을 끼쳐 작은머리증을 유발할 수 있었거든.

Check it up 3 역사

인류를 괴롭힌 감염병들

사실 인류는 아주 오래전부터 감염병에 시달려 왔어.

당시에는 원인을 몰라 역병, 괴질 등으로 불렀지.

인류 역사 최초의 팬데믹이라고 할 수 있는 상황은

6세기 중반에 일어났어.

541년~542년 동로마 지역과 지중해 전역에

몸이 까맣게 변해가며 고통스럽게 죽어가는 무서운 병이

유행한 거야.

사람들은 당시 동로마 제국을 다스리던 황제

유스티아누스의 이름을 따 '유스티아누스 역병'이라고 불렀는데,

훗날 이 병은 '흑사병'으로 밝혀졌어.

흑사병은 이후에도 지역적으로, 간헐적으로 발생하다가

14세기 중반에는 유럽 전역을 휩쓸었어.

얼마나 피해가 심했는지,

흑사병 하면 이 시기의 팬데믹을 떠올릴 정도지.

14세기 유럽의 인구는 7,500만~8,000만 명으로 추산하는데,

흑사병으로 당시 인구의 30~60%가 숨을 거두었대.

2,500만~5,000만 명이 흑사병으로 목숨을 잃은 거야.

흑사병은 그 후에도 지역적으로 발생해서

수많은 사람이 또 목숨을 잃었어.

WHO는 지금까지 흑사병으로

7,500만 명 이상이 숨을 거두었다고 보고 있어.

1918년 인플루엔자로
죽은 사람이 5,000만 명이었는데,
도대체 흑사병을 옮기는 범인은 뭐야?

흑사병은 페스트균이 일으켜.

그래서 흑사병을 페스트라고도 하지.

페스트는 바이러스가 아니라, 세균(박테리아)이 일으키는 감염병이야.

세균은 바이러스와 마찬가지로 미생물이지만

바이러스처럼 다른 세포를 이용해 증식하지 않아.

하나의 세포로 이루어져 스스로 증식할 수 있거든.

또 편모라는 기관이 있어서 스스로 움직일 수도 있어.

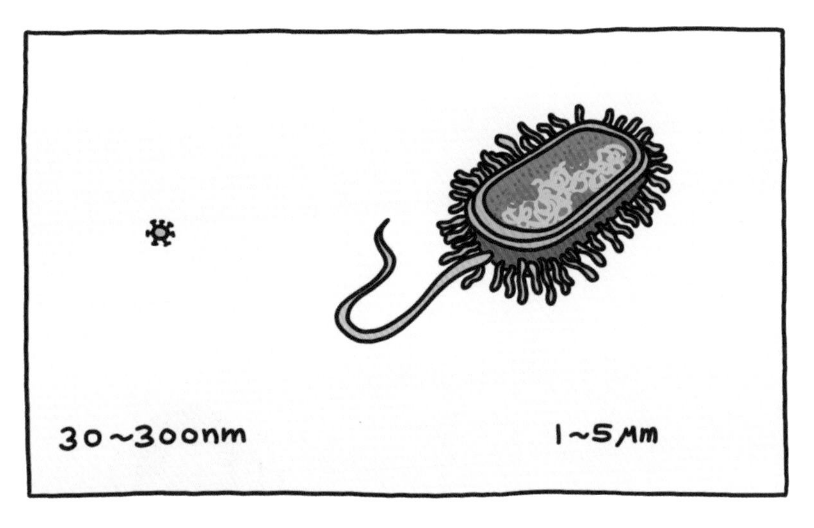

바이러스와 박테리아

바이러스의 크기는 30~300nm이야. nm은 나노미터(nano meter)를 나타내는 단위로, 1나노미터는 1/1000000000미터야. 세균의 크기는 1~5um이지.
um은 마이크로미터(micro meter)를 나타내는 단위로, 1마이크로미터는 1/1000000미터지.
우리 머리카락 굵기가 100um 정도라고 하니, 세균이 얼마나 작은지, 바이러스는 또 얼마나 작은지 가늠돼?

이런 세균은 음식물로, 혹은 상처를 통해,
심지어는 숨을 들이마실 때 우리 몸속에 들어와.
그리고 증식하는데, 이 과정에서 우리 몸에 해로운 독소가 생겨.
이 독소가 세포를 파괴하고 우리 몸의 조직을 파괴해서
병이 생기는 거야.

세균으로 인해 발생한 감염병은 페스트만이 아니었어.
대표적인 게 콜레라야.
콜레라는 콜레라균Vibrio cholerae이 일으키는 급성 장 질환이야.
예전에는 원인을 몰라서 보통 '괴질'이라고 불렀어.
하지만 곧 콜레라의 원인균이 밝혀졌고
주로 오염된 물을 통해 전파된다는 것까지 알아냈지.
콜레라가 전 세계적으로 유행한 건 19세기 들어서인데
이때 약 1,500만 명이 콜레라로 사망했다고 해.

결핵균이 일으키는 결핵 역시 19세기~20세기 초 기승이었어.
결핵은 결핵균이 폐를 공격해 얼굴이 핏기 없이 하얗게 변해.
그러다 숨을 거둬, '백사병'이라고도 했지.

그런데 콜레라나 결핵은 지금도 우리를 괴롭히고 있어.
콜레라는 해마다 100~300만 명이 걸리고
그 가운데 2~14만 명이 사망하고 있다고 해.
이는 지금도 20억 명 이상이 분변에 오염된 물을 마시며
변변한 위생시설이 없는 환경에서 지내고 있기 때문이야.
결핵은 해마다 1,000만 명이 걸리고
그 가운데 140만 명이 목숨을 잃는다고 해.
더 걱정인 건 전 세계 인구의 25%에게 결핵균이 잠복해 있대.
면역력이 약해지면 언제든 결핵이 발병할 수 있는 거야.

지금까지 인류를 괴롭혔던 감염병 가운데
빼놓을 수 없는 또 하나의 주인공이 '**천연두**'야.
천연두는 바리올라 Variola 바이러스가 일으키는
바이러스성 감염병이야.

20세기 초만 하더라도 해마다 천연두로
몇천 명이 목숨을 잃었다고 해.
20세기에 들어서만 3억 명이 사망한 것으로 보고 있지.
하지만 1980년, WHO는 '**천연두가 퇴치됐다**'라고 선언했어.

천연두 백신이 개발되고

전 세계적으로 백신 접종을 진행한 덕에

무서운 천연두의 공포에서 벗어날 수 있었던 거야.

앞으로도 천연두와 같은 사례가 나올 수 있겠지?

그런데 21세기에 접어들어

새로운 전염성 미생물의 등장이 빈번해지고 있어.

그 주체도 세균에서 바이러스로 바뀌는 추세고.

아주 오래전부터 자연의 한 귀퉁이에서

있는 듯 없는 듯 지내던 바이러스들,

우리가 전혀 알지 못했던 바이러스들이

경쟁이라도 하듯 번갈아 몰려오고 있으니까.

2023년 5월 5일, WHO는
국제적 공중 보건 비상사태를 해제했어.
엔데믹이 선언된 거야.
엔데믹이란 특정한 지역에 토착화된 질병을 뜻해.
풍토병이라고도 하지.
코로나가 일종의 감기와 같은 질병이 된 거야.
코로나는 어떻게 감기처럼
위험하지 않은 감염병이 된 걸까?
코로나를 극복할 수 있었던 이유를 알아보자고.

Level 2

인류의 반격과 엔데믹

백신과 방역

팬데믹을 끝낼 방법은?

2020년, 코로나19가 급속하게 퍼지자 세계 각국은 코로나19를 막기 위해 노력했어.
국경을 봉쇄하고 사람들의 접촉을 줄이도록 한 거야.
봉 쇄

그런데 영국 정부는 그런다고 코로나19를 막을 수 없다고 생각했어.
사람들의 활동을 막으면 경제 활동만 위축될 거예요.
차라리 빨리 감염돼 면역력을 갖는 게 좋지 않겠어요?
맞아요. 그러면 코로나19도 감기처럼 될 거예요.
무슨 소리야?

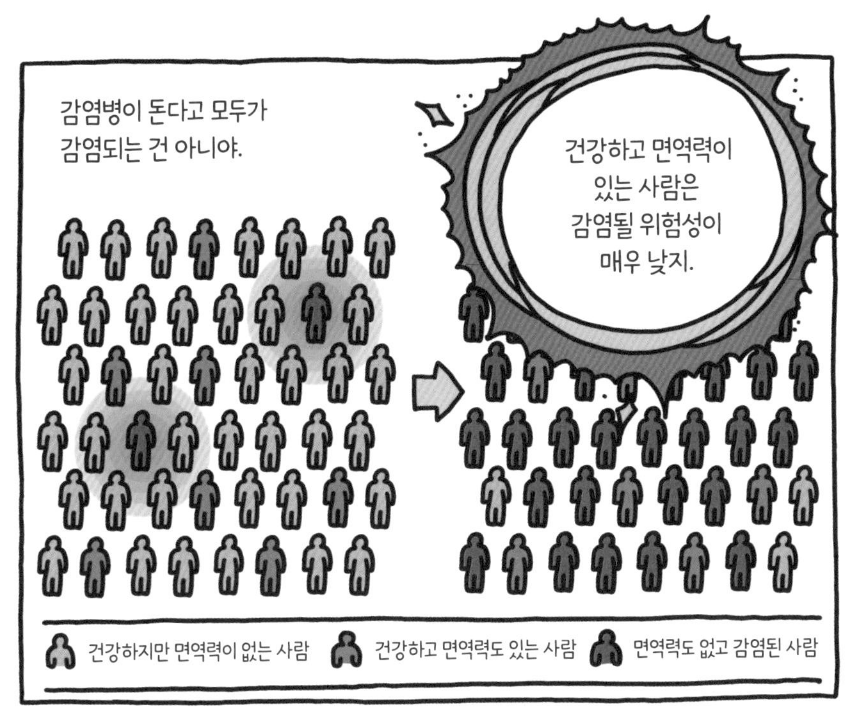
감염병이 돈다고 모두가
감염되는 건 아니야.
건강하고 면역력이
있는 사람은
감염될 위험성이
매우 낮지.
건강하지만 면역력이 없는 사람
건강하고 면역력도 있는 사람
면역력도 없고 감염된 사람

그런데 특정 감염병에 대한
면역력이 있는 사람이 많아지면
그 감염병에 면역력이 없는
사람도 감염되지 않을 수 있어.
면역력이 있는 사람들이
면역력이 없는 사람들에게 감염을
막는 장벽이 되어 주는 거네!
맞아!
이를 집단 면역
이라고 해.

감염병 연구가와 의사 가운데 이렇게 주장하는 사람들이 있었어.
건강한 사람들이 집단 면역을 올려 주는 것만이 코로나19에 대한 유일한 해결 방법입니다!
그럼요! 이를 부정하는 건 중력의 존재를 부정하는 것과 같아요!
감염병 유행에서는 자연 감염을 통한 집단 면역의 역할이 중요해요.
OK!
영국 총리

코로나19에 걸린 사람들이 늘어나면 면역력을 가진 사람들이 늘어나고, 그래서 집단 면역이 생기면 코로나19를 극복할 수 있다는 말이구나.
맞아! 바로 그거야.

이에 반대하는 목소리도 높았지만, 영국은 집단 면역 정책을 밀어붙였지.
자연 감염을 통한 집단 면역? 그건 코로나19에 사람들을 방치하는 것과 다름없어요.
어마어마한 사람들이 목숨을 잃을 거예요.
노인, 어린이, 병을 가진 사람들 등 사회적 약자들부터 피해를 볼 거예요!
No!

영국 사람들은 일상생활을 지속했어.

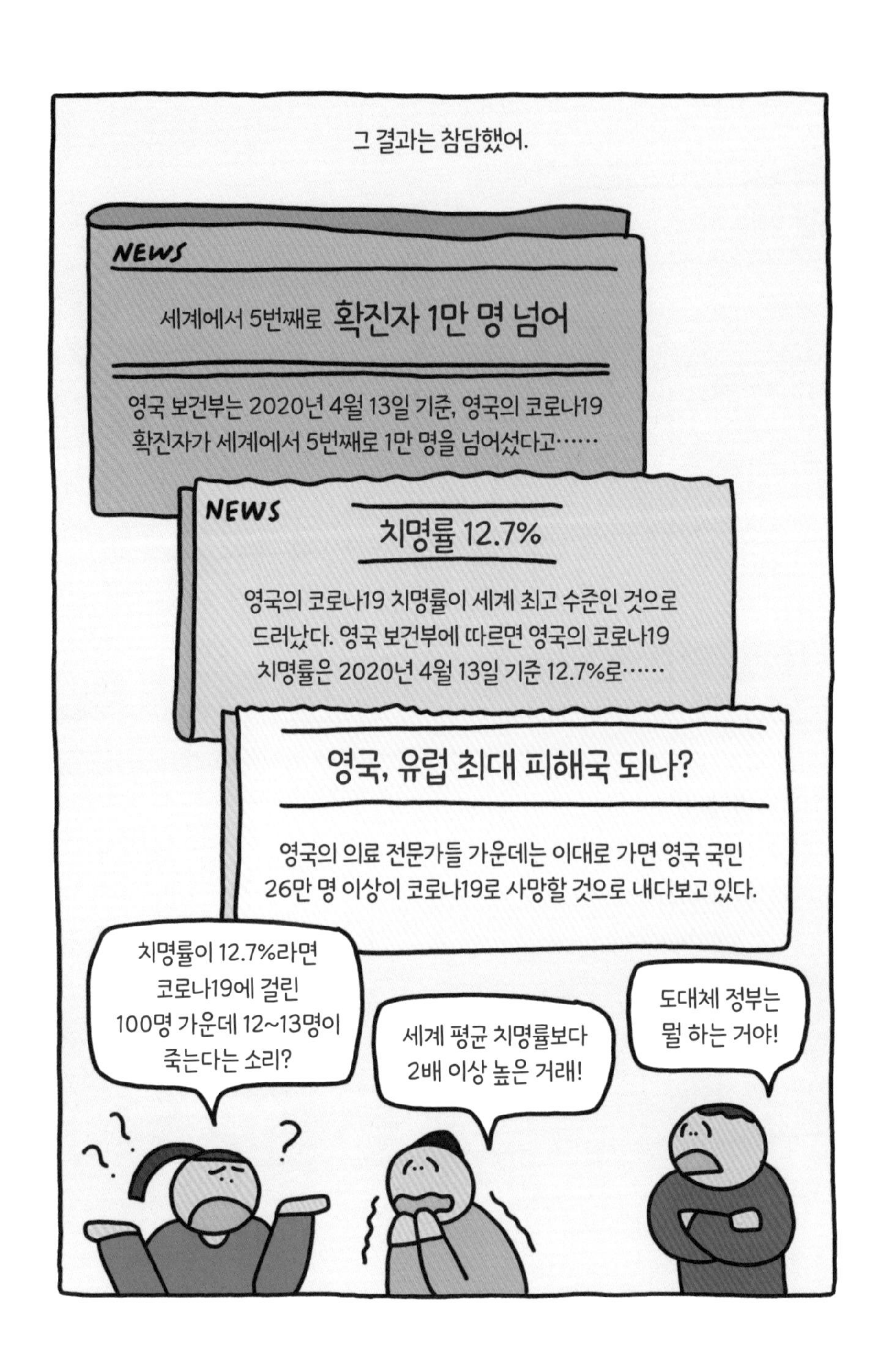
그 결과는 참담했어.
NEWS
세계에서 5번째로 확진자 1만 명 넘어
영국 보건부는 2020년 4월 13일 기준, 영국의 코로나19 확진자가 세계에서 5번째로 1만 명을 넘어섰다고……
NEWS
치명률 12.7%
영국의 코로나19 치명률이 세계 최고 수준인 것으로 드러났다. 영국 보건부에 따르면 영국의 코로나19 치명률은 2020년 4월 13일 기준 12.7%로……
영국, 유럽 최대 피해국 되나?
영국의 의료 전문가들 가운데는 이대로 가면 영국 국민 26만 명 이상이 코로나19로 사망할 것으로 내다보고 있다.
치명률이 12.7%라면 코로나19에 걸린 100명 가운데 12~13명이 죽는다는 소리?
세계 평균 치명률보다 2배 이상 높은 거래!
도대체 정부는 뭘 하는 거야!

결국 영국 정부는 집단 면역 정책을 포기했어.
코로나19 대응 정책을 수정하겠습니다.

영국도 다른 나라들처럼 사람들의 접촉과 이동을 통제했지.

그런데 집단 면역 외에는 감염병을 이겨낼 방법이 있을까?
집단 면역을 포기했다더니?
감염병은 바이러스와 세균이 일으키는데, 이 세상에 바이러스와 세균이 얼마나 많은데.
이 세상 모든 코로나19 바이러스를 없앨 수는 없겠지…….

사실 우리는 자연 감염이 아닌 인위적인 감염으로 집단 면역을 꾀하고 있어.
해마다 독감 예방 주사, 즉 독감 백신을 맞는 건 바로 집단 면역을 위해서잖아.

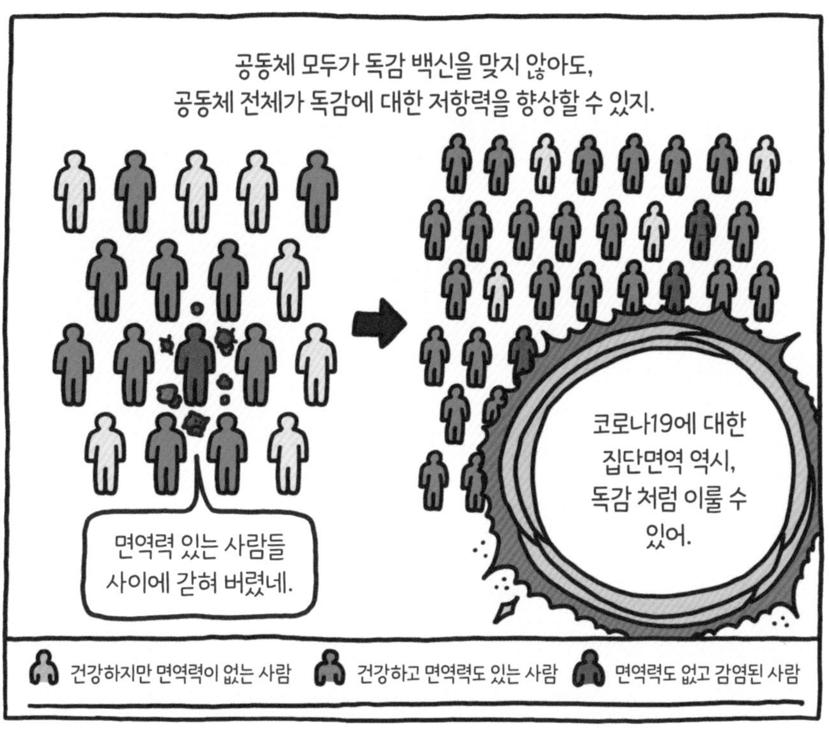
공동체 모두가 독감 백신을 맞지 않아도,
공동체 전체가 독감에 대한 저항력을 향상할 수 있지.
면역력 있는 사람들 사이에 갇혀 버렸네.
코로나19에 대한 집단면역 역시, 독감 처럼 이룰 수 있어.
건강하지만 면역력이 없는 사람
건강하고 면역력도 있는 사람
면역력도 없고 감염된 사람

자연 감염이 아닌, 백신을 통한 집단 면역!
그것이 팬데믹에서 탈출하는 길이었지!
그렇구나! 그런데 백신을 맞으면 어떻게 면역력이 생겨?
좋아, 백신에 대한 궁금증을 풀어 주지!
좋아, 백신 박사가 될 거야!

Check it up 1 상식

집단 면역의 치트키, 백신

백신은 한마디로 감염병에 걸리기 전에

병원균과 싸우는 법을 미리 알려 주는 물질이라고 할 수 있어.

세상에는 우리 몸으로 침입할 기회를 노리는 침입자,

즉 미생물이 널려 있어.

우리 몸은 이에 대한 방어 능력을 길렀지.

침입자들을 막고 침입자가 들어오더라도 제거할 수 있게 말이야.

이러한 우리 몸의 능력을 '면역'이라고 하는데

면역에는 비특이적 방어와 특이적 방어가 있어.

피부는 세균이나 바이러스가

우리 몸에 침투하지 못하게 하는 역할을 해.

콧속이나 입속, 우리 내장 기관의 표면인 축축한 점막 역시

미생물이 몸 깊은 곳으로 들어가지 못하게 막지.

혹시라도 미생물이 몸속으로 들어오면

백혈구 같은 우리 몸속 물질들이

세균이나 바이러스를 죽이거나 먹어 치워.

이런 면역을 '비특이적 방어'라고 해.

비특이적 방어는 태어날 때부터 갖는 면역이라

선천 면역이라고도 하는데, 모든 침입자에 반응해.

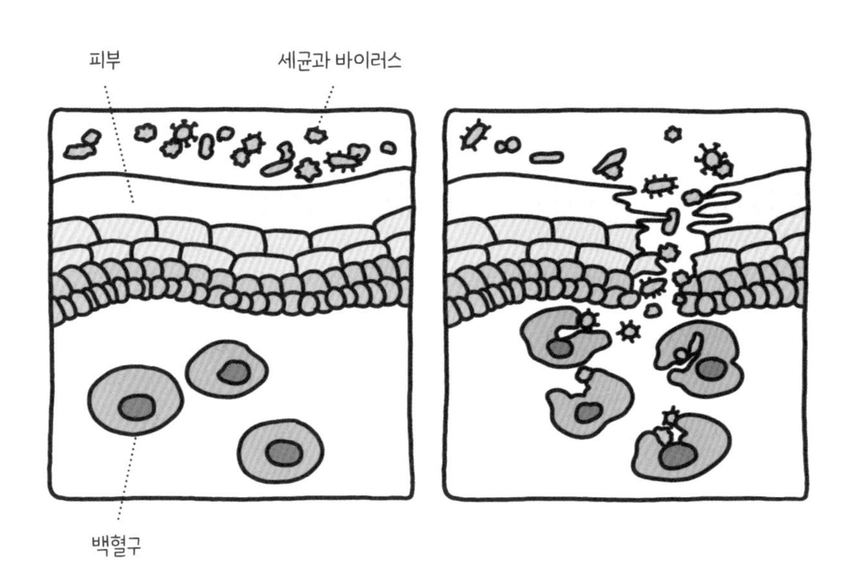

우리 몸의 비특이적 방어의 예: 피부와 백혈구

피부는 세균이나 바이러스가 우리 몸으로 들어오지 못하게 막는 1차 방어선이라고 할 수 있어. 이 방어선이 뚫리면, 백혈구가 2차 방어선의 역할을 하지.

특이적 면역은 살면서 길러지는 면역이야.

제1, 2 방어선을 뚫고 들어온 침입자에 대하여

특이적으로 반응하는, 맞춤형 방어지.

침입자가 우리 몸에 들어오면 림프구라는

세포들 가운데 한 종류가 둘로 나뉘어,

하나는 침입자를 격퇴할 수 있는 단백질(항체)을 만들고

다른 하나는 침입자의 주요 특징(항원)을 기록하는 기억세포가 돼.

특이적 면역의 항체와 기억 세포 생성 과정

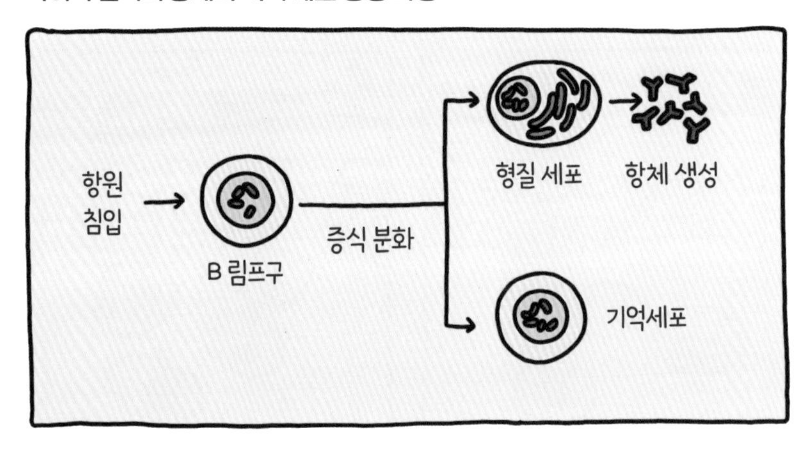

백신은 이 기억세포 덕분에 만들 수 있어.

병원성이 없거나 약한 항원을 조금 투입해 기억세포를 만들어 내는 거야.

그러면 다음에 같은 항원이 몸속에 들어왔을 때

기억세포가 재빠르게 항체를 만들어 낼 수 있는 자료를 제공하지.

백신은 영국의 의사 에드워드 제너가

처음 개발했다고 흔히 알려져 있어.

제너는 소젖을 짜는 처녀들은 천연두에 걸리지 않는 것을 보며

우두소에서 뽑은 면역 물질를 접종하면

천연두에 걸리지 않을 걸로 생각했지.

그리고 실제로 사람에게 접종해 천연두에 걸리지 않게 해 주었어.

하지만 명실상부하게 백신을 최초로 개발한 인물은

프랑스 과학자 루이 파스퇴르1822-1895라고 봐야 해.

파스퇴르는 제너와 달리 과학적 실험을 통해 백신을 개발했어.

파스퇴르는 약해진 세균을 닭에게 주입하는 반복적 실험을 통해

약해진 닭 콜레라균을 건강한 닭에 주입하면

콜레라 감염을 막을 수 있다는 걸 알아냈어.

그리고 계속된 동물 실험을 통해 자기 생각이 옳음을 입증했지.

파스퇴르가 최초의 '약독화 생균백신'을 제조해서

이후 백신 개발 연구와 면역학이 자리 잡는 주춧돌을 놓은 거야.

이처럼 백신을 처음 만들 때는 항원으로,

죽거나 약화한 병원체를 우리 몸에 주입했어.

그러면 기억세포가 만들어져 면역 반응이 생기겠지?

그런데 아무리 약화했다고 해도 병원체는 병원체야.

백신을 맞는 건 그만큼 위험성이 있었어.

그래서 과학자들은 그 위험성을 줄이기 위해 노력했어.

과학자들은 유전자 재조합 기술을 이용했어.

병원체의 특징 정보인 표적 단백질을 만들어 낼 수 있는

병원체의 DNA나 RNA만을 뽑아내 백신을 만들기 시작한 거야.

DNA는 우리 몸의 유전 정보가 적힌 물질이야.

세포의 핵 속에 들어 있는데, 세포는 DNA의 정보를 읽어서

자신이 만들어 내야 할 물질을 만들거나 할 일을 해.

그런데 세포마다 하는 일이 다 달라.

상피세포는 피부를 만들어 내고 신경세포는 신경 신호를 전달해.

같은 근육세포라도 심근세포는 심장근육을 형성하고

심장 박동을 조절하지만

골격근 세포는 뼈에 부착되어 움직임을 만들지.

세포마다 하는 일이 다른데,

세포들이 DNA 전부를 읽을 필요가 있겠어?

세포들은 DNA에 적힌 유전 정보 가운데

자기들에게 필요한 부분만 읽으면 돼.

그래서 DNA는 그 세포에 필요한 부분만 따로 떼어내어

해야 할 일, 즉 유정 정보를 전달해.

이때 나오는 물질이 바로 RNA야.

DNA가 요리책이라면

RNA는 요리책에서 특정한 요리의 요리법을 복사한 메모지야.

그래서 RNA의 종류는 여러 가지지.

요리법마다 메모지를 만들 수 있으니까.

유전자 재조합 기술을 이용해 백신을 만드는 과정을 알아볼까?
먼저 백신을 개발하려는
표적 바이러스나 세균의 유전자를 분석한 뒤
항원을 만들어 낼 수 있는 부분을 선택해.
그리고 플라스미드라는 작은 원형 DNA 분자 등에 넣어서
세포 속으로 항원 유전자를 전달하게 해.
그러면 세포 속에서 항원 단백질을 만들어 내고
그 항원 단백질을 정제해 백신을 만드는 거야.

이처럼 유전자 재조합 기술을 이용한 백신은
1980년대부터 만들어졌어.
B형 간염 백신, 말라리아 백신, 애볼라 백신 등이 대표적이지.
그리고 코로나19 팬데믹을 거치며
유전자 재조합 기술을 이용한 백신에 관심이 더욱 커졌어.
코로나19 백신 가운데,
SARS-CoV-2의 DNA와 RNA를 이용해 만든 백신이 많았거든.
특히나 RNA 가운데 **mRNA라는 물질을 이용한**
백신을 처음 선보였지.

우리는 살아가면서 수많은 백신을 맞아.

우리 몸에 강한 면역 기억을 남겨서

오랫동안 병을 막아 주는 백신은 한 번만 맞고

시간이 지나면서 면역 기억이 약해지는 백신은

추가로 또 맞지. 추가로 맞는 백신을 **부스터샷**이라고 해.

또 인플루엔자 바이러스처럼 변이가 잦은 병원체는

해마다 맞기도 해.

이렇게 백신을 맞는 덕분에

우리는 감염병으로부터 안전할 수 있게 되었어.

앞에서 말한 천연두가 대표적이겠지?

그런데 백신을 개발하는 데는 보통 10년 이상이 걸려.

동물실험을 통해 먼저 안정성을 확보한 뒤

몇십 명, 몇백 명, 몇천 명으로 각각 이뤄진

3단계의 실험을 거쳐 인간의 면역 반응과 안정성, 부작용 등을

세심하게 파악해야 비로소 사용할 수 있거든.

다만 긴급한 상황에서는 국제기관 혹은 관련 기관의 승인을 받아

이보다 빨리 개발해서 사용할 수도 있어.

코로나19 같은 팬데믹이 대표적인 긴급 상황이겠지?

코로나19 백신은 1년 만에 개발해 접종하기 시작했어.

하지만 1년 만에 백신을 개발할 수 있었던 건

그 이전에 백신에 관한 연구와 개발을 계속해 왔기 때문이야.

Check it up 2 의학

팬데믹을 끝낼 치료제

백신을 맞으면 감염병에 대한 저항력을 가질 수 있어.

하지만 백신을 맞는다고

해당 감염병에 전혀 걸리지 않는 건 아니야.

독감 백신을 맞아도 독감에 걸리는 사람이 있잖아?

그래서 과학자들은 백신과 함께

치료제 개발에도 힘을 쏟고 있어.

백신과 치료제, 모두가 있다면

어떤 감염병도 그리 두려울 게 없겠지?

그런데 치료제 개발은 백신 개발보다 더 어려워.

백신은 기본적으로 건강한 사람들이 맞는 거야.

우리 몸의 면역 반응이 정상적으로 작용하는 신체 말이야.

백신은 이런 신체를 대상으로

항체가 얼마나 잘 생성되는가만 따지면 돼.

하지만 치료제는 병에 이미 걸린 사람에게 투여해.

병에 걸린 사람의 면역 반응은

건강한 사람의 면역 반응과 차이가 있어.

거기에 개인차도 생겨.

같은 병에 걸렸어도

나이가 많은 사람과 젊은 사람의 면역 반응이 같을 수 없어.

같은 병에 걸렸어도

건강한 사람과 다른 병이 있는 사람의 면역 반응도 다르지.

같은 병에 걸렸어도 그 병의 증세 정도에 따라

면역 반응이 또 달라질 수 있어.

치료제 개발은 백신 개발보다

더 많은 상황과 더 많은 경우를 고려해야 하는 거야.

임상 대상을 구하기도 더 어렵지.

이미 병에 걸린 사람을 대상으로 임상 실험을 해야 하니까.

게다가 앞에서 말한 것처럼 이미 병에 걸린 사람의 면역 반응은

건강한 사람들과 다른 데다 개인차가 있어서

약효, 안전성, 유효성 등을 확보하기가 더 어려워.

그래서 치료제 개발이 백신 개발보다 더 어려운 거야.

치료제 개발 과정

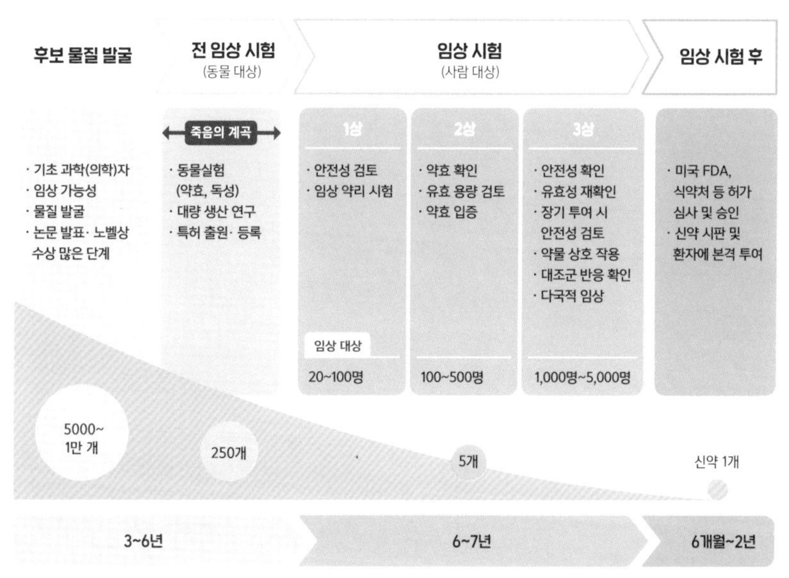

ⓒVenture-Pharmaceutical

그래서 같은 병에 대한 치료제는

하나가 아니라 여러 개를 만들어.

병세에 따라, 환자의 상황에 따라 증세가 다양하게 나타나니

치료제도 하나가 아닌 여러 개가 필요한 거지.

코로나19 치료제만 해도 여러 종류를 개발했어.

대표적인 게 람데시비르와 같은

바이러스 증식을 억제하는 항바이러스 치료제야.

이 약제는 원래 에볼라 바이러스 감염증 치료제였는데

코로나19에도 효과를 보이는 것을 알아내

코로나19 치료제로도 쓰인 거야.

이미 만들어진 약제 가운데 코로나19 치료제로 쓰인 사례지.

같은 항바이러스 치료제라도

증세에 따라 투여되는 약이 달라.

람데시비르는 중증 환자에게 주로 쓰이는데

팍스로비나와 같은 항바이러스 치료제는

증세가 약한 환자에게 주로 쓰여.

코로나19 치료제 가운데는

면역 반응을 오히려 억제하는 치료제도 있어.

코로나19에 걸리면 종종 과도한 면역 반응이 일어나기도 해.

대표적인 게 **사이토카인 폭풍**cytokine storm이란 면역 반응이야.

사이토카인은 세포를 뜻하는 접두사 'cyto-'와

움직임을 뜻하는 그리스어 'kinesis'가 합쳐져 만들어진 이름이야.

그 이름처럼 사이토카인은 여러 다른 세포들 사이에서

면역 반응을 조절하고 조정하는 단백질이야.

그런데 코로나19에 걸린 사람들 가운데 어떤 사람은

사이토카인이 너무 많이 분비되기도 해.

그러면 면역 반응으로 신체 조직이 상하게 되지.

이 때문에 면역 반응을 억제하는 치료제도 개발된 거야.

면역 반응이 너무
세게 일어나도 문제라니…….
치료제 개발은 정말 어렵겠어.

코로나19 치료제로 항체 치료제도 개발됐어.

코로나19 바이러스 표면에 있는 돌기 단백질에 결합해서

바이러스의 활동을 차단하는 역할을 하지.

코로나19 치료제 역시

코로나19 백신처럼 신속하게 개발되고

관계 기관의 승인을 얻어 사용됐어.

이 역시 질병 치료를 위한 치료제 연구 개발을

계속해 왔기 때문에 가능한 일이었다는 걸

잊어서는 안 돼.

Check it up 3 국제

팬데믹의 필수, 방역

코로나19 바이러스가 퍼지자

각 나라의 정부와 보건 당국들은 발 빠르게 움직였어.

방역 지침, 감염 현황, 백신 접종 정보 등을 제공해

국민이 신속하고 정확한 정보를 얻을 수 있도록 한 거야.

이때 최신 디지털 기술이 이용되기도 했어.

대표적인 게 공공장소에 출입할 때 QR 코드를 스캔해

방문 기록을 남기는 시스템이야.

이 시스템 덕에 확진자가 발생했을 때

접촉 가능성이 있는 사람에게 신속히 알려 검사를 받게 할 수 있었어.

검사를 효율적으로 수행하기 위한 다양한 아이디어도 등장했지.

검사를 빠르게 진행하면서도

의료진의 부담을 덜 방법을 찾은 거야.

© 보건복지부

'드라이브 스루'를 이용한 코로나 검사

차에 탄 상태에서 햄버거를 주문하고 받듯이 차에 탄 상태에서 코로나 검사를 받을 수 있게 했어.
그러면 검사 대상자들이 자기 차에서 내리지 않으므로 다른 사람들과 접촉할 위험이 적고,
다른 의료 시설에 영향을 미치지 않아 의료진의 부담도 줄일 수 있었어.

비대면 진료 플랫폼도 구축했어.

코로나19에 걸린 환자는 병원을 출입할 수밖에 없어.

그런데 병원에는 이미 다른 병에 걸려 쇠약한 환자들이 많아.

코로나19 확진자의 병원 방문은

이미 병에 걸린 환자들에게 치명적인 위험이 될 수 있지.

그래서 코로나19 확진 여부 확인이나 진료를

비대면으로 진행할 수 있도록 시스템을 구축한 거야.

각 나라 정부 기관은 역학 조사를 실시해
국민에게 널리 알렸을 뿐만 아니라
다른 나라들과 그 정보를 공유했어.

역학 조사란 전염병 등의 질병이 발생했을 때
왜 발생했는지, 그 병의 특징은 뭔지,
어떤 경로로 전파되는지 등을 찾아내는 거야.
예를 들어 특정 지역에서 식중독이 발생했다면
어떤 사람들에게 식중독이 일어났는지
그 사람들에게 어떤 공통점 등이 있는지를 찾아내.
만약 특정 학교에 다니는 학생들이 식중독 환자였다면
그 학교 급식에 문제였을 가능성이 크겠지?
그러면 그 학교 급식을 차단하고 급식실을 조사하는 거야.

코로나19와 같은 감염병이 유행할 때

이러한 역학 조사는 더욱 중요해.

역학 조사를 통해 감염원이 되는 장소나 행동을 식별할 수 있고

접촉자 추적을 통해 감염자와 접촉한 사람들을

신속하게 격리하고 검사할 수 있잖아.

그러면 감염자가 더 많이 생기는 걸 방지할 수 있겠지?

역학 조사는 또한 방역 정책을 세우는 중요한 근거가 돼.

예를 들어, 확진자가 어디서 어디로 이동했는지

그 과정에서 접촉한 사람들은 누구인지를 알면

어느 지역이 감염 위험성이 큰지

그래서 이동을 어디에서 어디까지 제한해야 하는지 파악할 수 있어.

또 그 접촉한 사람들 가운데 얼마나 감염이 일어났는지를 분석하면

사회적 거리 두기의 범위를 정할 수 있지.

더 나아가 감염자와 접촉한 사람들 가운데

어떤 사람들에게 감염이 많이 일어났는지를 알아내면

감염 위험성이 높은 고위험군을 찾아낼 수 있어.

그러면 누구에게 백신을 먼저 접종해야 하는지를 알 수 있어

예방 효과도 높일 수 있지.

각 나라 정부는 이러한 역학 조사 정보를
여러 나라와 함께 공유했어.
교통이 발달한 덕분에 바이러스 확산이 전 세계로,
동시다발적으로 이루어지기 때문이지.

1918년 인플루엔자의 경우
1918년 3월쯤에 발생한 걸로 보이는데
우리나라가 있는 동아시아에서는 가을쯤 유행했어.
전 세계로 전파되는 데 6개월 정도 걸린 거야.
사실 이 전파 속도도 굉장히 빠른 거였어.
1차 세계 대전으로 전 세계에서 사람들이 모였다가
다시 자기 나라로 돌아가는 바람에
단 몇 개월 만에 전 세계로 퍼질 수 있었던 거지.
하지만 코로나19는 단 2개월 만에 전 세계로 퍼졌어.
전쟁이 없었는데도 말이야!
교통수단의 발달과
그로 인한 이동량의 증가 때문이지.

매일 수만 명이 유럽에서 아시아로,

아시아에서 아메리카로, 아메리카에서 아프리카로 이동하고 있어.

사람만 이동하나? 동식물도 이동하지!

이는 사람과 동식물에 붙어사는

곰팡이, 세균, 바이러스까지 이동하는 것을 의미해.

실제로 미국 연구진이 수행한 연구를 통해

코로나19 **바이러스가 주로 주요 국제 교통 허브를 통해**

유입되고 퍼져 나갔음이 밝혀졌어.

그래서 이젠, 한 나라에서 감염병이 창궐하면

그건 세계적인 문제가 될 수밖에 없는 거야.

그래서 코로나19 팬데믹 초기,

많은 나라가 국제 여행 제한 조치를 도입해

바이러스의 확산을 막기 위해 협력했어.

입국자에 대한 검역 및 격리 조치도 협의하고.

공동 방역 지침을 개발해서

공항, 항만, 육로 등에서 이루어져야 하는 표준 방역 조치도

마련했지.

백신 및 치료제 개발을 위해

함께 연구하고 그 연구 결과를 널리 공유하기도 했어.

하루라도 빨리 백신과 치료제를 만들어

코로나19 팬데믹을 끝내는 것이 모두에게 이롭다고 판단한 거야.

더 나아가 전 세계에 골고루 백신을 보급하기 위해 노력했지.

그럴 수밖에 없지.
우리나라에 코로나19 감염자가 없어도
다른 나라에 코로나19 감염자가 많다면
언제든 우리나라에도 코로나19가
다시 퍼질 수 있을 테니까.

코로나19는 전 세계가 힘을 합쳐

정보를 공유하고 대책을 세우고

더 나아가 백신과 치료제를 개발해서 극복할 수 있었던 거야.

코로나19 팬데믹이 발생하자
의료진을 비롯한 많은 사람이 이웃을 돕기 위해 나섰어.
하지만 이와 정반대의 행동을 보인 이들도 있었지.
사회적 갈등과 혐오를 부추긴 사람들이야.
이들은 왜 이런 행동은 했을까?
그리고 그런 행동을 어떤 결과를 가져왔을까?
이에 대해 살펴보며
재앙을 해결하는 방법이 무엇인지 생각해 보자.

Level 3

팬데믹이 보여 준 인류의 민낯

붕괴와 혐오, 그리고 불평등

생각지도 못한 일들

2020년 3월 23일, 스페인 국방부 장관의 발표에 전 세계가 경악했어.
스페인 특수 부대가 최근 곳곳의 요양원에서 사망한 노인의 사체를 발견했습니다.
요양원에서 노인들의 죽음을 숨긴 거야?

숨긴 게 아니라…….
코로나19가 요양원으로 전파돼 노인들이 감염되자

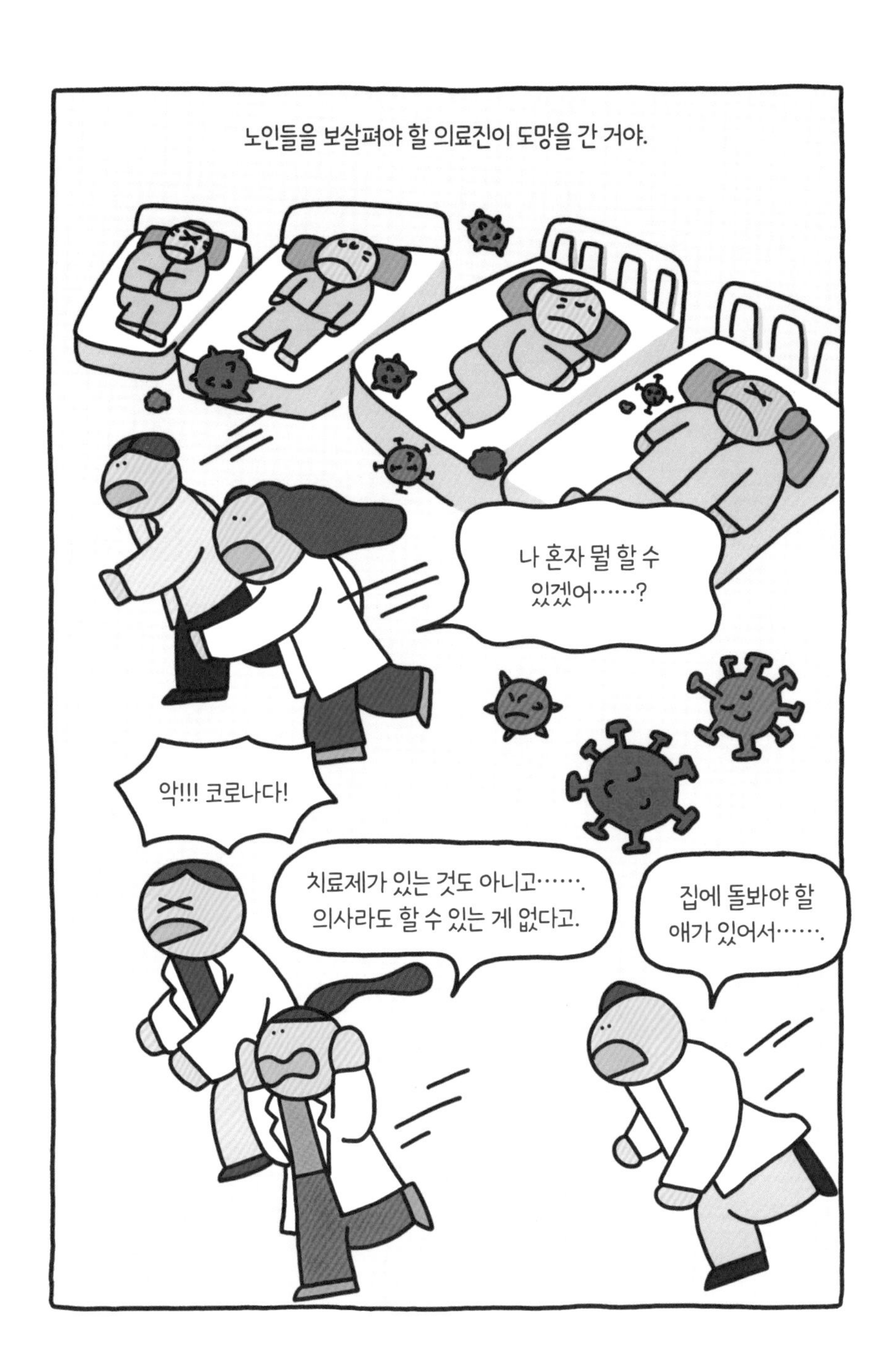
노인들을 보살펴야 할 의료진이 도망을 간 거야.
나 혼자 뭘 할 수 있겠어……?
악!!! 코로나다!
치료제가 있는 것도 아니고……. 의사라도 할 수 있는 게 없다고.
집에 돌봐야 할 애가 있어서…….

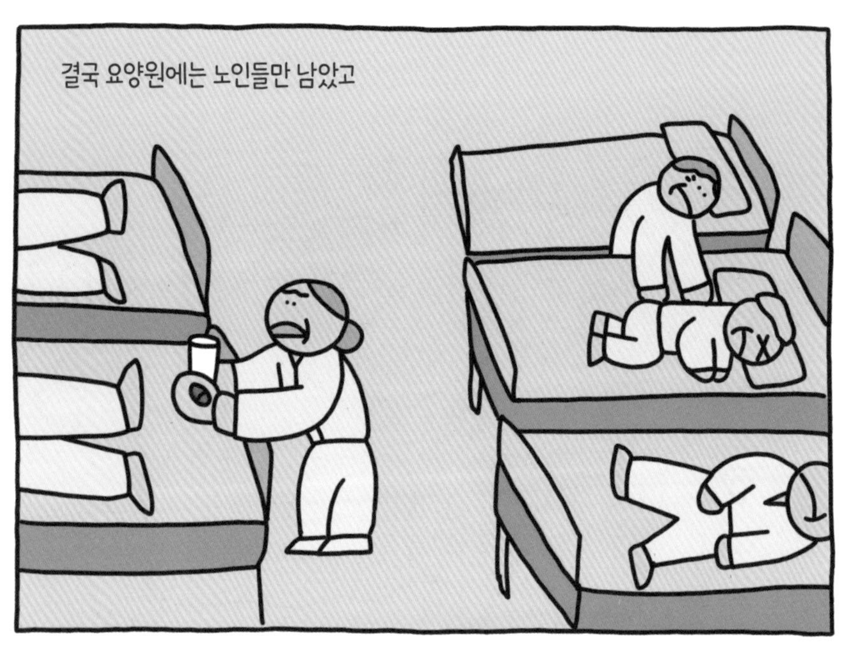
결국 요양원에는 노인들만 남았고

방역을 위해 특수 부대가 도착했을 때
숨을 거둔 노인들을
발견한 거야.

스페인은 물론 세계의 여론이 들끓었지.
TIME
스페인충격
Le Mond
스페인 비극
新华通讯
인권은 어디에
어떻게 저런 비윤리적인 행동을…….
엄하게 벌해야 해.
이런 일이 발생하지 않도록 대책을 세워야 해.
저 사람들이 인간이야?
분명히 잘못된 행동이지만……, 코로나19가 처음이라 너무 무서워서 그런 게 아닐까?
그런 면이 있을 거야. 두려움은 사람들의 이성을 마비시키니까. 그런데 이와 같은 맥락의 일들이 또 있었어.

미국과 유럽에는 유색인종에 대한
혐오 행동을 하는 사람들이 있었어.
우리한테 저러는 거지?
그런 것 같아.
눈을 양옆으로 길게
찢는 건 동양인을
비하하는 대표적인
인종 혐오 행동이지.

그런데 코로나19가 퍼지자, 이런 사람들이 늘어났어.
너희 나라로 돌아가!
왜 감염병을
여기까지 옮기는 거야!

코로나19가 중국 우한에서 처음 발생했다고,
중국인을 비롯한 동양인이 코로나19 바이러스를 옮긴다는 그릇된 생각을 하는 사람들이 늘어난 거야.
우리는 너희와 똑같이
이곳에서 살고 있는 사람들이야!

정치인들 가운데 이런 사람들을 부추기는 이들도 있었어.
Trump
코로나19 = 중국 바이러스
코로나19는 중국에서 시작됐으니까, 중국 바이러스지!

WHO는 이미 이렇게 발표했지.
바이러스를 표기할 때 특정 지역이나 민족의 명칭이 들어가지 않아야 합니다. 특정 지역과 민족에 대한 그릇된 혐오의 감정을 부추길 수 있기 때문입니다.
ㅋ ㅋ ㅋ ㅋ ㅋ ㅋ ㅋ ㅋ ㅋ ㅋ
사람들의 그릇된 감정이 나에게 도움이 될 수도 있지!

전문가들도 말리고 나섰어.
코로나19를 중국 바이러스라고 지칭하는 건 언어 파괴 행위예요. 그리고 그로 인해 아시아계 미국인들을 위협하는 불공정하고 부정확한 인식을 낳고 있어요!
당신의 언어 선택이 폭력적인 사람들을 충동질해 증오 범죄를 낳는다고요!

동양인들에 대한 혐오 범죄는 미국, 캐나다, 유럽 여러 나라에서
심심치 않게 벌어졌어.

지각 있는 이들이 이에 반대하는
시위를 벌이기도 했지.
LOVE NOT WA
RACISM IS A VIRUS
NO RACISM
I can't Breathe
정말 코로나19가
인종 차별이라는
바이러스를 낳았네!

그런데 이런 혐오 행위가 외국에서만 벌어졌을까?
저 사람 외국인 아냐?
코로나19 같은 감염병이 도는 건
저런 외국인들이 자꾸
우리나라에 들어오기 때문이야!
우리나라에서도
외국인 노동자들에 대한
차별과 혐오의 감정이
커졌어.

코로나19에 걸린 외국인들에 대한 지원을 반대하는 이들도 있었어.
왜 외국인에게까지 지원하는 거야?
맞아! 저게 다 우리가 낸 세금으로 사는 거잖아!
환자들에게 지원을 안 해 주면 어떡해!

이처럼 코로나19는 생각지도 못한 문제를 낳고, 기존의 문제를 더 크게 만들기도 했어.
감염병이 사람들의 몸뿐만 아니라 정신까지 망가뜨리는 것 같아!
맞아. 하지만 그 결과까지 알게 되면 정신을 똑바로 차릴 수 있을 거야.
알았어! 정신을 똑바로 차릴 수 있다면!!!

Check it up 1 사회

차별과 혐오의 결과는

미국의 연방수사국FBI 자료에 따르면

미국에서 신고된 아시아인 혐오 범죄는 2019년 161건이었어.

그런데 코로나19 첫해인 2020년 279건으로 73%나 늘어났지.

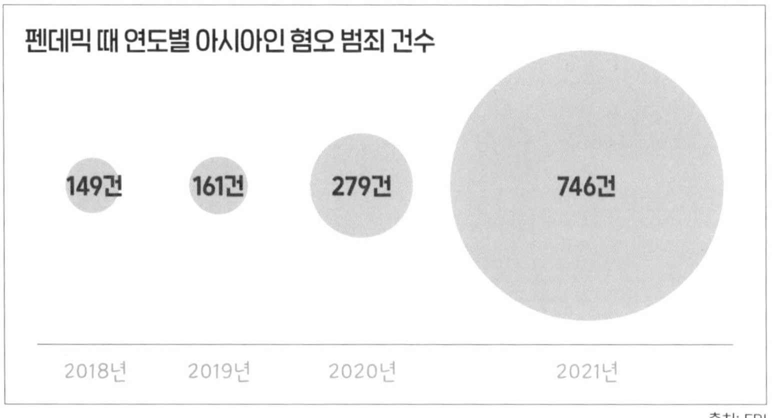

출처: FBI

같은 기간, 아시아인을 포함한

흑인·유대인·백인·히스패닉 등을 대상으로 한

혐오 범죄는 13% 증가했을 뿐이었다고 해.

그런데 아시안에 대한 혐오 범죄만 유독 많이 증가한 거야.

이듬해인 2021년에 아시아계 혐오 범죄는 746건으로 늘었어.

2019년 대비 5배 가까이 증가한 거야.

그런데 실제로는 이보다 훨씬 더 많은

아시아인 혐오 범죄가 있었을 거로 보고 있어.

아시아 사람들이 신고를 잘 하지 않는 경향이 있다고 하거든.

미국의 아시아인 증오 범죄 저지 단체Stop AAPI Hate는

팬데믹 기간 폭행과 괴롭힘을 비롯한

11,000건이 넘는 혐오 사건을 접수했다고도 했지.

유럽도 다르지 않았어.

영국 역시 코로나19로 아시아인 혐오 범죄가 급증했어.

2020년 1월~3월에만 발생한 아시아인 혐오 범죄 수가

코로나19 바로 전 해인 2019년 전체 수치와 맞먹을 정도야.

러시아에서는 아시아인이 대중교통을 이용하면
운전사와 직원들이 아시아인 승객을 멈춰 세우고
신분증과 지하철 패스 번호를 요구하며
이동 경로를 추적했어.

호주에서도 아시아계 호주인들의 집에
낙서 테러를 하고, 등교한 아시아계 학생들에게
인종 차별적 발언은 물론
폭행을 가하는 사건이 빈번했지.

이러한 혐오 범죄는 백인들이 주류인
나라에서만 일어난 게 아니야.
인도에서는 이슬람 선교 단체가 델리에서 연
대규모 집회 후 많은 이슬람교도가
코로나19 양성 판정을 받았다는 발표가 있었어.
그러자 이슬람교도에 대한 혐오 범죄가 급증했어.

이런 상황에서 정치인의 역할은 뭘까?

맞아! 제대로 된 정치인이라면,

사람들이 혐오의 감정을 추스를 수 있도록 해야 해.

하지만 반대로 혐오를 부추기는 사람들이 있었어.

앞에서 본 미국의 트럼프가 그랬고,

영국의 일부 정치인들도 아시아계에 대한 혐오를 부추겼어.

이탈리아의 한 정치인은 심지어

'쥐를 산 채로 먹는 등 비위생적인 식문화가 바이러스를 퍼뜨린다.'

라는 등의 발언으로 아시아계를 노골적으로 비하했어.

안타깝게도 팬데믹 때
그릇된 혐오의 감정이 일어나고,
그런 혐오의 감정을 정치인이 부추긴 사례는
역사 속에서도 어렵지 않게 찾을 수 있어.

14세기 흑사병이 전 유럽을 강타했을 때도 그랬지.
유럽 곳곳에서 '유대인들이 우물에 독을 넣어 병을 퍼뜨린다.'라는
말도 안 되는 소문이 퍼져나갔어.
유대인은 중세 유럽 사회에서 이방인으로 눈총받았어.
유대인은 현재 이스라엘 지역에 살던 사람들로
나라를 잃고 이리저리 떠돌아다니며 살았거든.
그래서 소수였고, 유럽에서 가장 차별받는 사회적 약자였어.
소수의 이방인에 대한 이러한 소문으로
유럽 사람들의 마음에는 유대인에 대한 불신과 적개심이 커졌어.
그런데 당시 최고의 권력을 가지고 있던 교회가
그 적개심을 더욱 부채질했어.
왕과 귀족들 역시 교회와 뜻을 같이했어.
그들 역시 독실한 기독교인들이었으니까.
왜 그랬냐고?

당시 유럽은 기독교가 지배하는 세상이었어.

사람들은 교회를 믿고 따랐지.

교회는 교회의 말이 곧 하나님의 뜻으로

교회의 말을 잘 들으면 복을 누리고 천국에 갈 수 있다고 선전했어.

그래서 사람들은 교회의 말이라면 무조건 믿고 따랐는데,

돌아온 것이 천벌과 같은 감염병이니!

사람들은 교회의 말을 의심하기 시작했어.

교회는 그 의심을 잠재워야 했어.

의심이 커지면 사람들이 교회의 말을 듣지 않을 테니까.

그래서 흑사병이 퍼진 원인을 누군가에게 뒤집어씌워

교회에 대한 의심을 다른 곳으로 돌리려 했어.

그때 눈에 뜨인 게 유대인이었지.

사회에서 차별받는 소수이자 사회적 약자였으니까.

그런 존재들에게 폭력을 가하는 건 그리 어려운 일이 아니었어.

게다가 경제적으로도 이득을 챙길 수 있었어.

유대인 가운데 부자도 있었는데

그들에게 죄를 뒤집어씌우면서 그 재산까지 차지했거든.

그래서 당시 교회와 왕, 귀족 등 유럽의 지도자들은

유대인 공동체에 대한 폭력적 공격을 정당화했어.

흑사병이 만연한 지역에서 잔혹한 유대인 학살이 벌어졌지.

프랑스 화가 에밀 슈베제르(1837~1903)**가 그린**
<1349년 스트라스부르의 학살>(1894년 작)
당시 독일 땅이었던 스트라스부르에서는
2천 명이 넘는 유대인이 산 채로 불에 타 목숨을 잃었어.

흑사병 당시 유대인 학살 사례는 인류가 공포에 직면했을 때

얼마나 비합리적이고 폭력적으로 변할 수 있는지를 잘 보여 줘.

그리고 그 비합리적 폭력의 대상은

사회적 소수, 사회적 약자란 걸 알 수 있지.

우리는 이를, 코로나19 팬데믹을 겪으면서
전 세계적으로 일어난 혐오, 차별적인 행동과
연관 지어 생각해 볼 필요가 있어.
유럽과 미국, 호주에서 아시아계는 소수야.
인도에서 이슬람교도 역시 소수지.
우리나라에서 이주노동자 역시 소수야.
코로나19 팬데믹 때 혐오와 차별의 대상은 바로
각 사회에서 소수를 차지하는 사회적 약자였어!
그리고 그들에 대한 혐오를 부추긴 정치인들은
자신의 정치적 이득을 위해
터무니없는 말과 행동으로 사람들을 선동했어.

그런데 사회적 약자를 보호하지 못하는 사회를
건강한 사회라고 할 수 있을까?
그건 사회가 아니라 정글이야!
약육강식으로 돌아가는 동물의 세계지.
게다가 사회적 약자를 보호하지 못하는 사회는
인권이 짓밟히는 사회야.

인권은 인간이라면 누구나 당연히 존중받아야 하는 권리야.

생명을 안전하게 유지하고 행복을 추구할 수 있는!

그런데 사회적 약자라는 이유만으로

차별받고 혐오의 대상이 되는 사회에서

이러한 권리가 보장될 수 있을까?

그런 사회라면 차별과 혐오의 대상은 언제든지 바뀔 수 있어.

또다시 문제가 생기면 차별하고 혐오할 대상을 찾을 테니까.

Check it up 2 문학

재앙과 싸우는 유일한 방법

코로나19 바이러스는 처음 등장했을 때

정체불명이었어.

우리는 코로나19에 대해 '무지'했지.

그러니 불안할 수밖에 없었어.

정부나 관계 기관은 제대로 된 대책을 세울 수 없었어.

코로나19에 대해 제대로 아는 것이 없는데

어떻게 대책을 세울 수 있겠어?

사람들의 불안은 더욱 증폭됐지.

그러다 코로나19 바이러스의 정체가 밝혀지고
더 나아가 백신까지 개발됐어.
코로나19와 관련된 정보들은
방송, 신문과 같은 기존 매스컴은 물론
인터넷 방송, 스마트폰 등을 통해 신속하게 퍼졌어.

하지만 그렇다고 불안감이 해소되지는 않았어.
우리는 한 번도 경험해 보지 못한 갑작스러운 팬데믹을
감당할 준비가 되어 있지 않았으니까.
무엇보다도 갑작스럽게 밀려드는 환자를 치료할
의료 시설과 의료 인력이 부족했어.
감염병을 효과적으로 차단할 수 있는
제도와 시스템도 미비했지.
일반 시민 역시 감염병에 대처할 준비가 전혀 되어 있지 않았어.
게다가 여기저기서 가짜 뉴스들이 들끓었어.

코로나19는 과학자들이
비밀 실험을 하다가, 실험실에서
유출된 바이러스예요.

XXXX
코로나19는 제약회사들이
일부러 퍼뜨린 겁니다.
백신을 팔아먹기 위해서!
202
XXX

코로나19 백신 안 맞았지?
절대 맞으면 안 돼!
왜? 백신을 맞아야
코로나에 안 걸리는 거 아냐?
백신 속에 아주 작은 칩이
들어 있대. 그걸로 우리를
조정하려고 코로나를 퍼뜨리고
백신을 맞게 하는 거야!

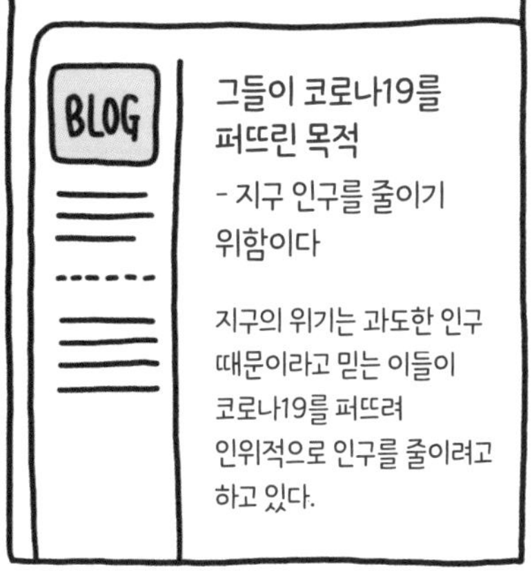
BLOG
그들이 코로나19를
퍼뜨린 목적
- 지구 인구를 줄이기
위함이다
지구의 위기는 과도한 인구
때문이라고 믿는 이들이
코로나19를 퍼뜨려
인위적으로 인구를 줄이려고
하고 있다.

헐!

코로나19에 대해 제대로 알아도 갑작스럽게 들이닥친 재앙에

사람들의 불안은 커지고 사회는 혼란스러워진 거야.

이와 같은 상황을 해결할 수 있는 해법은 뭘까?

여기서 《페스트》란 소설을 소개하려고 해.

《페스트》는 프랑스의 유명한 소설가이자 철학자인

알베르 카뮈(1913~1960년)가 1947년에 출간한 작품이야.

이 작품은 페스트가 창궐한 북아프리카 알제리의

작은 마을을 배경으로 일어나는 일들과 사람들의 행동을 보여 줘.

《페스트》 초판본

코로나19를 맞았던
우리와 비슷한 상황을
배경으로 한 소설이네!

갑자기 웬 소설이냐고?

소설과 같은 문학작품을 사회의 거울이라고 해.

좋은 소설은 우리에게 우리 자신의 모습을 보여 주고

우리 사회와 인간에 대한 통찰력을 갖게 해 주지.

《페스트》에는 다양한 인물들이 등장해.

페스트가 창궐하자 어떤 사람은 병 앞에 절망하고

어떤 사람은 병에 맞서 싸우지.

살아남기 위해 도시에서 도망치는 사람도 있고

이웃을 돕기 위해 도시에 남는 사람도 있어.

소설은 이 가운데 페스트에 맞서,

이웃을 돕기 위해 싸우는 사람들을 중심으로 그리고 있어.

이 소설의 주인공이라고 할 수 있는 의사 리외는 이렇게 말해.

재앙을 해결하는 유일한 방법은 성실함입니다.

성실함이 무엇이냐는 질문에 리외는 이렇게 대답하지.

리외의 대답처럼, 리외는 페스트가 발병하자

의사로서의 직분을 충실하게 수행해.

많은 사람이 리외를 도와 병에 걸린 사람들을 돌보지.

이를 통해 사람들은 연대 의식과 서로에 대한 책임감을 느껴.

맞아! 스페인의 의료진들처럼 도망간 사람들도 있었지만

많은 의료진이 코로나19에 맞서 싸웠어.

환자를 돌보고 백신과 치료제를 개발하기 위해서 말이야.

의사로서의 직분을 완수한 거지!

그 덕분에 우리가 코로나19를 극복해 낸 거 아닐까?

몇몇 정치인들이 코로나19를 정치적으로 이용하려고

가짜 뉴스를 퍼뜨리고 차별과 혐오를 부추기기도 했어.

하지만 많은 정치인과 공무원은 코로나19를 극복하기 위해

코로나19에 대한 정확한 정보를 제공하고

국민과 소통하기 위해 노력했어.

또 의료 시스템을 정비하고

국민의 경제생활을 지원했지.

이런 노력들이 있어서 코로나19를 극복한 거 아니겠어?

우리는 어땠어?

불편해도 서로를 위해 마스크를 착용하고

보고 싶은 친구들을 직접 만나는 대신 온라인으로 소통했지.

취약 계층을 위해서 마스크를 만들어 나누고

성금을 모아 돕는 이들도 있었어.

코로나19로 삶의 터전을 잃은 사람들에게

안전하게 생활할 수 있는 공간을 기꺼이 내어주기도 했지.

이런 노력들이 서로에게 힘이 되어

코로나19 팬데믹 기간을 견딜 수 있었던 게 아닐까?

Check it up 3 국제

백신 전쟁

코로나19 팬데믹 동안 전 세계적 문제로 불거진

또 하나의 문제는 **백신 불평등**이야.

미국과 유럽에 속한 이른바 선진국들은

대규모 백신 계약을 체결하며 백신을 확보했어.

그래서 자국민에게 백신을 신속하게 접종할 수 있었지.

반면 저소득 국가들의 사정은 달랐어.

백신을 확보할 수 있는 재정적 여력이 없었어.

또 백신을 들여와도 국민에게 제대로 접종할 수 없었어.

백신을 공급하기 위한 도로와 운송 장비가 충분치 않았으니까.

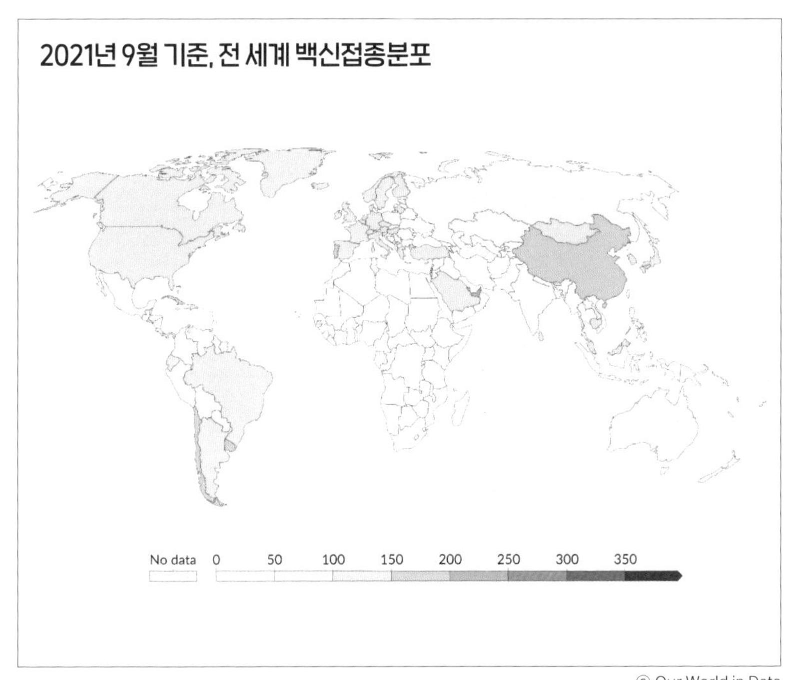

ⓒ Our World in Data

위 지도는 2021년 9월까지 코로나19 백신을
단 한 번이라도 맞은 인구를 나라별로 보여 주는데,
저소득층이 많은 아프리카의 많은 나라는
백신을 맞은 사람이 전체 인구의 10% 미만으로 나타나.

사실 코로나19 팬데믹이 발생한 지 얼마 안 돼서
국제 사회는 백신 개발과 백신의 공평한 배분을 위해
'**코백스**COVAX, COVID-19 Vaccines Global Access'를 설립했어.
코백스는 2020년 4월, 세계보건기구와 세계백신면역연합GAVI,
전염병예방혁신연합CEPI 등이 주도한 **백신 공급 기구**였지.
코백스는 백신 제조사와 각국 정부와 협력해서
백신 생산과 배포 계획도 수립했어.
경제적으로 여유가 있는 나라는 이를 위한 기부금도 내기로 했어.
덕분에 경제적으로 어려운 나라에 대해서는
백신을 무상으로 지원할 수 있을 것처럼 보였어.

하지만 코백스의 목표 달성은 어려웠어.
2021년에만 전 세계 인구 10명 중 7명이 접종할 수 있는 분량의
코로나19 백신이 제조됐어.
그럼에도 아프리카 대부분의 나라에서 백신 접종률이 낮았던 건
백신 분배가 원활하지 못했기 때문이라고밖에 볼 수 없었어.
실제로 일부 국가들에서는 백신이 남아돌아 폐기하기도 했어.

정확한 지적이야!

어떤 나라에서는 백신이 남아돌아 폐기하는데

어떤 나라에서는 백신을 맞지 못해 생명을 잃다니,

참으로 비인간적이고 비윤리적인 상황이지.

백신 불평등의 문제는 이처럼

인권의 문제이자 윤리의 문제이기도 해.

백신 불평등은 경제적 불평등도 심화시켜.

백신 접종률이 높은 국가들은 일상을 빨리 회복할 수 있었어.

경제 활동이 그만큼 빠르게 재개되었던 거야.

하지만 그렇지 못한 국가들은

경제 활동이 계속 제한되었고, 봉쇄 조치도 유지되었지.

그렇지 않아도 경제적으로 어려운 나라에서

경제 활동이 제대로 이뤄질 수 없는 상황이 계속되면

그 나라의 경제 사정은 더욱 악화되고

사람들의 생활도 그만큼 어려워질 수밖에 없어.

백신 불평등의 문제는

사람에게 가장 중요한 먹고사는 문제와 직결되는

경제적 문제이기도 해.

이처럼 백신 불평등의 문제는

인권의 문제이고 윤리의 문제이며 경제적 문제야.

따라서 모든 국가와 인구가 백신에 공평하게 접근할 수 있도록

국제 사회의 지속적인 협력이 필요하겠지?

그런데 협력이 말처럼 쉽지만은 않고.

아무리 백신 개발을 위해 국제적으로 협력했다지만

백신을 개발하고 생산한 세계적 대형 제약 회사들은

백신 연구와 개발에 막대한 자본을 투자했어.

그리고 그에 대한 특허와 지식재산권을 갖고 있지.

이에 따라 그들에게는 백신 개발에 들어간 막대한 비용을 회수하고

이윤을 창출할 수 있는 권리가 있어.

문제는 팬데믹 상황에서 이런 기업의 권리 행사가

백신의 불평등을 낳고 그에 따라 우리 사회의

인권과 윤리적 문제, 경제적 불평등을 심화시킨다는 거야.

이런 상황에서 기업의 이윤 창출 권리를 보장하면서도

백신 불평등을 해소할 방안을 찾아야 해.

도시화, 환경 파괴 등의 요인으로 인해
인간과 미생물의 접점은 더욱 넓어지고 있어.
이에 따라 새로운 미생물로 인한
또 다른 팬데믹의 위험성도 커지고 있지.
이를 극복할 방법을 찾아보자.
미생물이 무엇인지 제대로 알고
팬데믹으로부터 우리 사회를 지킬 방법이
무엇인지 생각해 보자고.

NEXT LEVEL

다시 올 팬데믹을 대비하라!

우리의 자세

코로나19가 마지막일까?

인류가 목축을 시작하면서, 감염병은 본격적으로 인류를 괴롭혔어.
사람한테 가서 살면 안 돼?
안 되긴 왜 안 돼! 사람 속에서도 살 수 있게 변이 될 때까지 기다려 보자고.
내가 사람한테 가 봤는데, 살 만해!
진짜? 나도 가 볼래!
가축에 살던 세균이나 기생하던 바이러스가 사람에게 옮겨진 거지.

세균과 바이러스에 대한 무지는 감염병 유행을 더욱 부추겼어.
감염병은 하늘이 우리에게 내린 벌입니다.
이렇게 채찍질을 해 죄를 스스로 뉘우칩시다!

우리가 입속으로 들어가는 줄도 모르고…….
우리의 존재 자체를 모르잖아!

다행히 세균과 바이러스가 발견되고
로베르트 코흐(1843-1910)
세균학의 아버지. 탄저, 결핵,
콜레라 등의 원인균 발견
드미트리 이바노프스키(1864 - 1920)
바이러스학의 창시자. 1892년
바이러스의 존재를 최초로 발견

세균과 바이러스로 인한 감염병을 예방할 수 있는 백신과 항생제가 개발되었지.
나는 최초로 백신을
접종했지.
나는 푸른곰팡이에서 페니실린이라는
항생제를 추출해 냈어.
최초의 항생제 페니실린 말이야.
에드워드 제너
(1749-1823)
알렉산더 플레밍
(1881-1955)

하지만 감염병은 여전히 우리를 괴롭히고 있어.

코로나19 이전 최근 100년간 유행한 1대 전염병(사망자 기준)

순위	전염병	병원체	병원체 종류	사망자(명)	유행 기간	치료제	예방 백신	기타
1위	에이즈	에이즈 바이러스 (HIV)	RNA 바이러스	3,900만	1960년 ~현재	○	×	미국에서 최초 발견
2위	스페인 독감	H1N1 인플루엔자 A		2,000만	1918 ~1920년	○	○	제1차 세계 대전이 대유행 부추김
3위	아시아 독감	H2N2 인플루엔자 A		200만	1957 ~1958년	○	○	중국 야생 오리에서 변종 발견
4위	홍콩 독감	H3N2 인플루엔자 A		100만	1968 ~1969년	○	○	홍콩에서 시작돼 전 세계로 확산
5위	7차 콜레라 유행	콜레라균	세균	57만	1961년 ~현재	○	○	인도네시아에서 시작해 전 세계로 확산
6위	신종 인플루엔자	H1N1 인플루엔자 A	RNA 바이러스	28만 4,000	2009년	○	○	멕시코에서 발견된 뒤 43개국 전파
7위	에볼라	에볼라 바이러스		4,877	2014년	×	×	남수단에서 처음 발견
8위	콩고 홍역	홍역 바이러스		4,555	2011년 ~현재	×	○	홍역은 2000년 동안 지속적으로 발병
9위	서아프리카 뇌수막염	수막구균 A	세균	1,210	2009 ~2010년	×	○	1805년 제네바에서 처음으로 대유행
10위	사스	사스 코로나바이러스(SARS-CoV)	RNA 바이러스	774	2002 ~2003년	×	×	중국 남부에서 최초 발병

출처: WHO, CDC

와!
어마어마한데!

코로나19와 같은 팬데믹은 더 빈번하게 일어날 것 같아.
먼저, 야생 동물의 서식지를 너무 많이 파괴하고 있어.
처음 보는 숙주네!
저리 이사를 좀 가 볼까?
그래서 야생 동물과 사람의 접촉이 잦아져 새로운 감염병이 생기는 거구나!

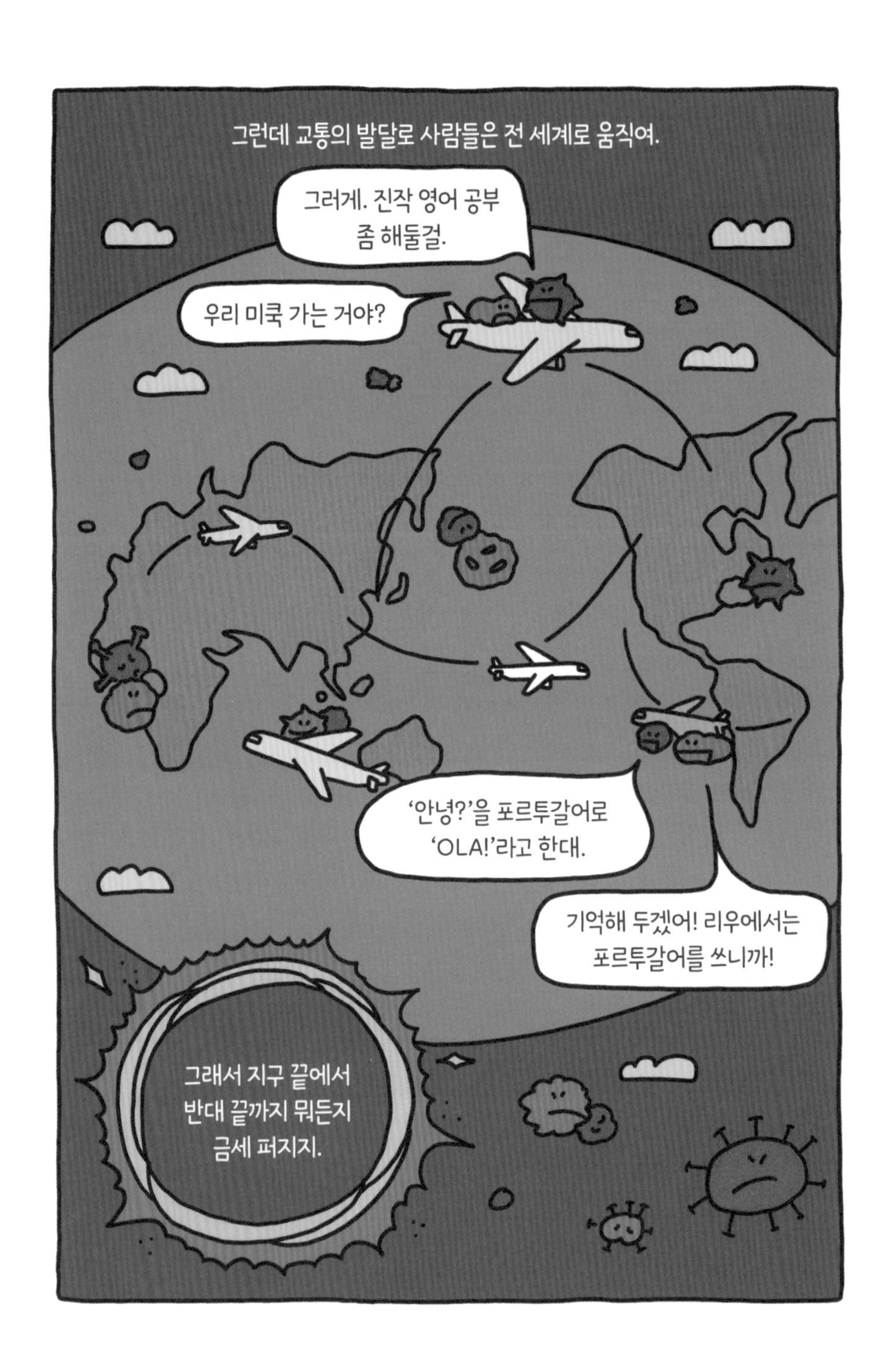

그런데 교통의 발달로 사람들은 전 세계로 움직여.
그러게. 진작 영어 공부
좀 해둘걸.
우리 미국 가는 거야?
'안녕?'을 포르투갈어로
'OLA!'라고 한대.
기억해 두겠어! 리우에서는
포르투갈어를 쓰니까!
그래서 지구 끝에서
반대 끝까지 뭐든지
금세 퍼지지.

전문가들은 빠르면 몇 년 내, 팬데믹이 다시 올 것으로 예상해.
몇 년 안에 코로나19보다 치명적인 팬데믹이 올 게 분명해요.

그럼 우린 어떻게 해야 할까?
유비무환! 대책을 세워야지!
그래! 어떻게 해야 할지, 함께 고민해 볼까?
좋아!

Check it up 1 미생물

세균과 바이러스를 대하는 우리의 자세

번듯하게 동식물 축에 끼지 못하는 생물들을

몽땅 미생물이라고 불러.

어떤 사람들은 생물 가운데

동식물을 제외하면 남는 게 뭐냐고 물을지 몰라.

그런데 생물 가운데 동식물을 제외하면 남는 게 없지 않아.

없어 보이는 거지!

미생물 대부분은 너무 작아서 맨눈에는 보이지 않으니까.

크기로 따지면 0.1mm 이하의 존재들이지.

그래서 진짜 없는 것처럼 보여.

이렇게 무시당하는 게 억울했을까?

요즘 미생물들이 부쩍 존재감을 드러내고 있지?

코로나19 같은 아주 고약한 모습으로 말이야.

그래서 미생물 하면 병을 일으키고 음식을 썩게 하는

더럽고 해로운 존재라고만 생각하기 쉬워.

하지만 미생물은 우리 생태계에 없어서는 안 될 중요한 존재야.

미생물이 분해자로의 역할을 하지 않으면,

생태계는 유지될 수 없으니까!

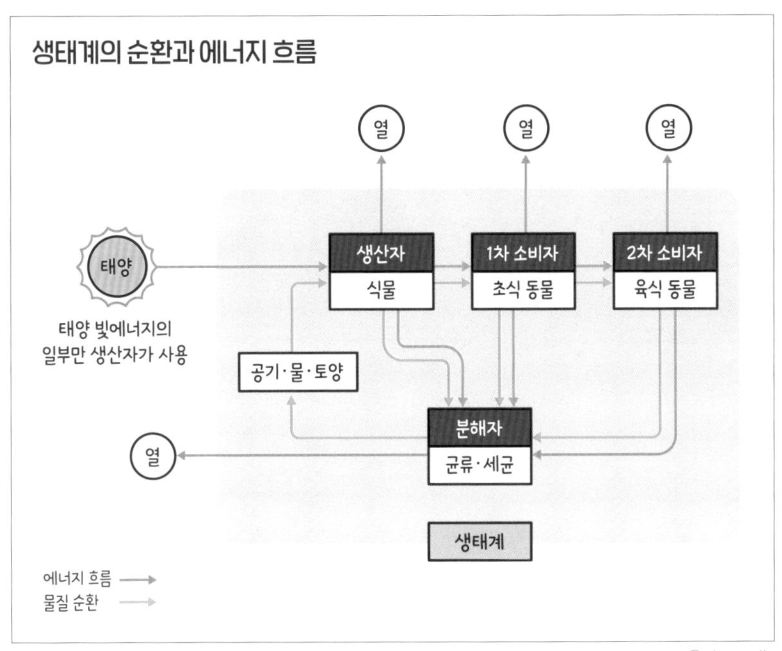

ⓒ doopedia

조금 더 들어가 볼까?

지구 대기의 80%를 차지하는 기체는 질소야.

지구 생물의 대부분은 이 질소를 이용하지 못하지.

특정 세균들만이 질소를 식물이 이용할 수 있는 형태로 바꿔 줘.

이를 '질소 고정'이라고 하는데,

질소 고정 세균들이 땅에 천연 질소 비료를 공급하는 셈인 거야.

덕분에 자연 생태계에서 식물이 잘 자랄 수 있는 거지.

질소 고정 세균들과 식물

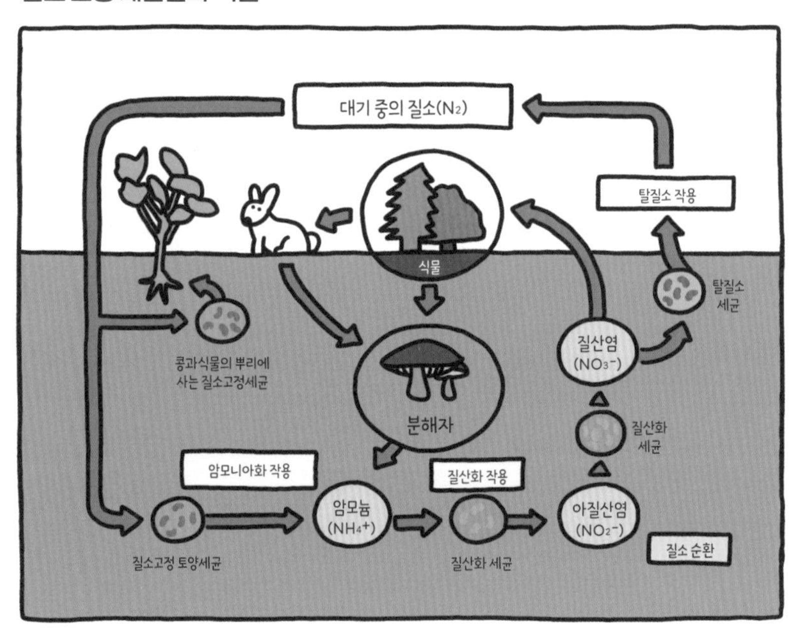

바이러스 역시 생태계에서 큰 역할을 하지.

예를 하나만 들어 볼게.

바다나 강물이 빨갛게 혹은 녹색으로 변할 때가 있어.

이는 모두 특정 식물성 플랑크톤이 많이 증식했기 때문에

나타나는 현상이야.

생태계에서 특정한 생물이 너무 많아지는 건 위험한 일이지.

적조나 녹조가 심해지면 바다와 강물에 산소가 부족해져.

물속에 산소가 부족해지면

물고기를 비롯한 수생 생물들이 살 수가 없지.

하지만 바이러스가 이 문제를 해결해 줘.

특정한 바이러스들이 동물성 플랑크톤이나 미생물을 공격하는 거야.

우리 몸에 들어와 세포에 침투하는 것과 같은 방법으로!

그러면 적조나 녹조를 일으킨 생물들이 사라지고

바다는 푸르게 강물은 맑게 되돌아가.

바이러스가 바다와 강물을 되살리는 거야.

세균은 또한 우리 음식에도 이용돼, 건강에 도움을 줘.
김치, 요구르트와 같은 발효 식품은 바로
세균의 도움으로 만들 수 있는 거잖아.

더 나아가 세균은 의약품을 만드는 데도 쓰지.
옛날에는 작은 상처가 덧나서 목숨을 잃는 경우가 많았어.
상처에 세균이 침입해 큰 병으로 이어진 거야.
전쟁터에서 목숨을 잃은 병사들의 사망 원인 가운데
세균 감염이 가장 컸어.
그런데 한 과학자가 푸른곰팡이로
세균을 억제할 수 있다는 걸 알게 됐지.
그렇게 발명된 것이 바로 '페니실린'이라는 항생제야.
이후로 곰팡이뿐만 아니라 세균을 이용한 여러 항생제가 개발되어
다양한 세균 감염은 물론
결핵, 나병과 같은 병을 치료하는 데도 널리 쓰고 있어.

바이러스 역시 우리의 건강과 생명을 살리는 데 이용돼.

온콜리틱 바이러스Oncolytic virus라는 녀석은

특정 암세포 안에서만 증식하면서 암세포를 파괴해.

그래서 새로운 암 치료법으로 주목받고 있지.

뭐니 뭐니 해도 주목받는 바이러스는 아마도

박테리오파지bacteriophage일 거야.

박테리오파지는 특정 세균에 침투해서 세균을 파괴하는 바이러스야.

과학자들은 이 바이러스로 우리 몸에 들어와 병을 일으키는

세균을 없애는 치료법을 개발하고 있어.

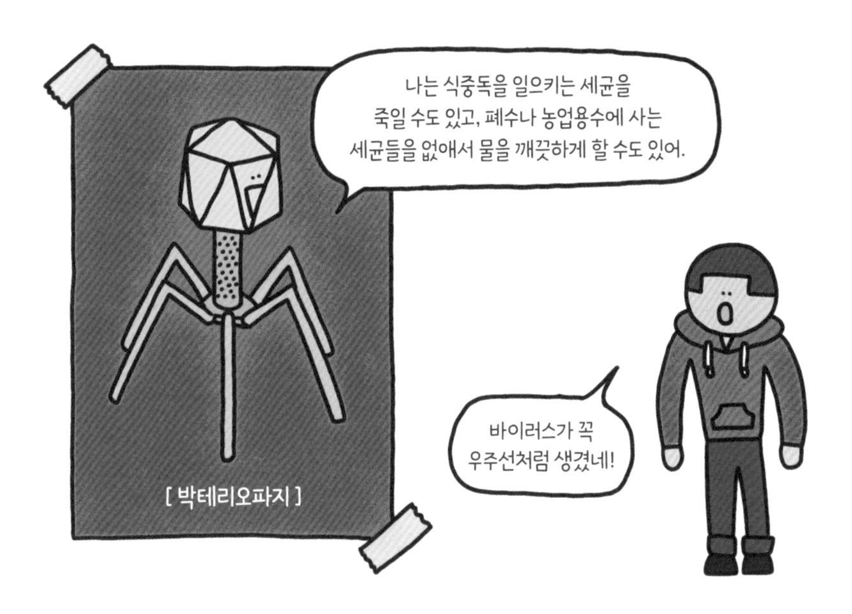

이런 세균과 바이러스는 우리가 사는 이 세상 어디에나 존재해.

땅, 바다, 강, 화산의 뜨거운 분화구에도!

미생물들은 생명체 속에도 살고 당연히 우리 몸속에도 살아.

인간 세포의 종류는 기능과 구조에 따라 매우 다양하며,

이런 미생물의 수는 얼마나 될까?

우리 몸에 사는 미생물의 수만 알아도 깜짝 놀랄걸.

우리 몸을 이루는 세포의 수가 대략 30조개인데,

미생물은 그보다 1.3배가 더 많대!

한 사람의 몸속에 약 40조 마리의 미생물이 산다는 얘기야!

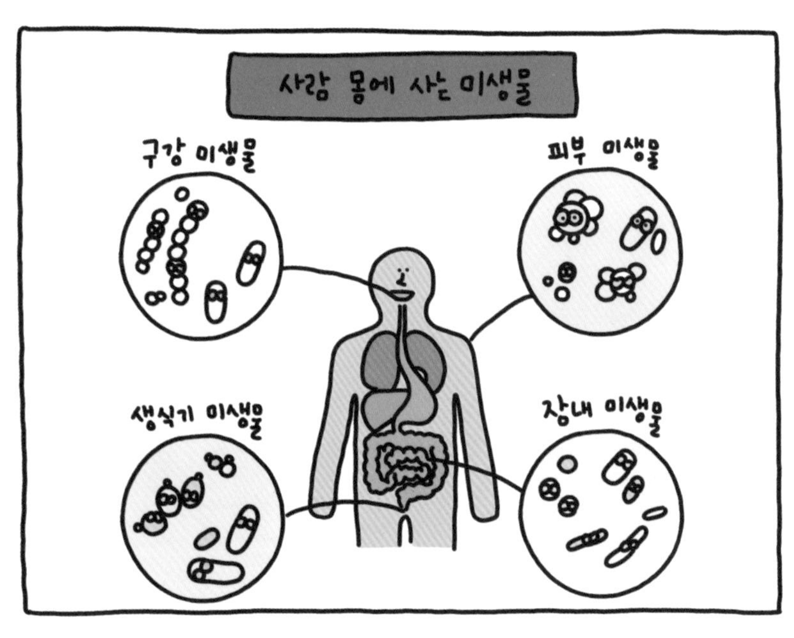

우리 몸에는 엄청나게 많은 수의 미생물이 있을 뿐만 아니라, 그 종류도 다양해.

지구 인구가 약 70억 명이니까,

사람의 몸속에 사는 미생물만 70억×40조,

2.8×10^{23}, 280,000,000,000,000,000,000,000마리야!

여기에 다른 생물들과

지구 곳곳에 존재하는 미생물을 수까지 합하면…….

온 세상에는 얼마나 많은 미생물이 있겠어?

이 세상에는 셀 수 없는 종류의 미생물이

정말이지 헤아릴 수 없을 정도로 많아.

우리가 알지 못하는 미생물도 많지.

또 알고 있는데 안다고 할 수 없는 미생물도 있어.

끊임없이 돌연변이가 일어나서 변종이 계속 등장하니까!

그래서 미생물에 대해서는 모두 알지도 못하고, 알 수도 없어.

이런 상황에서 미생물에 대처하는 현명한 자세는 뭘까?

미생물과의 공존을 꾀하는 게 아닐까 싶어.

미생물은 우리가 사는 생태계를 이루는 중요한 구성원인 데다가

우리에게 많은 도움을 줄 수 있는 존재니까.

Check it up 2 사회

다가올 팬데믹에 대비하는 우리의 자세

미생물은 우리에게 큰 도움을 주는 고마운 존재지만
코로나19와 같은 팬데믹을 언제든 일으킬 수 있는
위험한 존재란 걸 부정할 수 없어.

과학자들은 인플루엔자로 인한
팬데믹 발생 가능성이 크다고 보고 있어.
매년 계절성 유행을 일으키는 데다 새로운 변종이 계속 출현하니까.
코로나바이러스 계열 역시 주시해야 해.
그 어떤 바이러스보다 사람 사이에 빨리 전파되니까.

항생제 내성 세균도 큰 문제야.

항생제를 너무 많이 쓰거나 혹은 잘못 사용해

항생제를 써도 안 듣는 내성 세균들이 증가했거든.

이 세균들이 감염병으로 유행한다면

정말 큰일이겠지?

이미 극복했다고 생각했던 감염병도 안심할 수 없어.

홍역과 같은 감염병이 대표적이지.

더 이상 홍역이 발생하지 않으니,

홍역 예방 백신을 접종하지 않는 사람이 많아져

홍역이 다시 유행하기 시작했거든.

거기에 아직 우리에게 알려지지 않은

완전히 새로운 세균이나 바이러스가 등장할 수도 있지.

다가올 팬데믹에 대해 어떻게 대비해야 하는지는
코로나19 팬데믹을 극복하면서 배울 수 있었다고 생각해.

코로나19 팬데믹이 발생하자,
다국적 제약 회사와 정부, 비영리 단체들은
연구 자료를 공유하고, 임상 시험을 공동으로 진행했어.
이러한 협력 덕분에
여러 종류의 코로나19 백신을 신속하게 개발할 수 있었던 거야.
이 경험을 통해 과학자들은
팬데믹과 같은 상황에 기술과 자본만큼이나
'협력'이 중요하다는 것을 깨달았어.

코로나19 팬데믹을 통해 정치인이나 행정가들은
감염병을 막기 위해서는 전 세계적인
'공동 대응'이 중요하다는 것을 절감했지.
바이러스는 국경을 가리지 않고 퍼졌으니까.
이에 따라 백신의 개발뿐만 아니라 백신 보급에도
전 세계가 공동으로 대응해야 함을 새삼 되새겼어.

빌 게이츠와 같은 사람은

글로벌 팬데믹 대응 시스템 GERMGlobal Epidemic Response and Mobilization/미생물을 뜻하는 영어단어도 germ을 제안하고 있어.

GERM은 전 세계적으로 전염병 발생을 신속히 감지하고,

이에 대응해, 팬데믹을 예방하는 것을 목표로 해.

팬데믹 위협이 없을 때는 소아마비, 말라리아 등

기타 전염성 질병 퇴치에 힘쓰고.

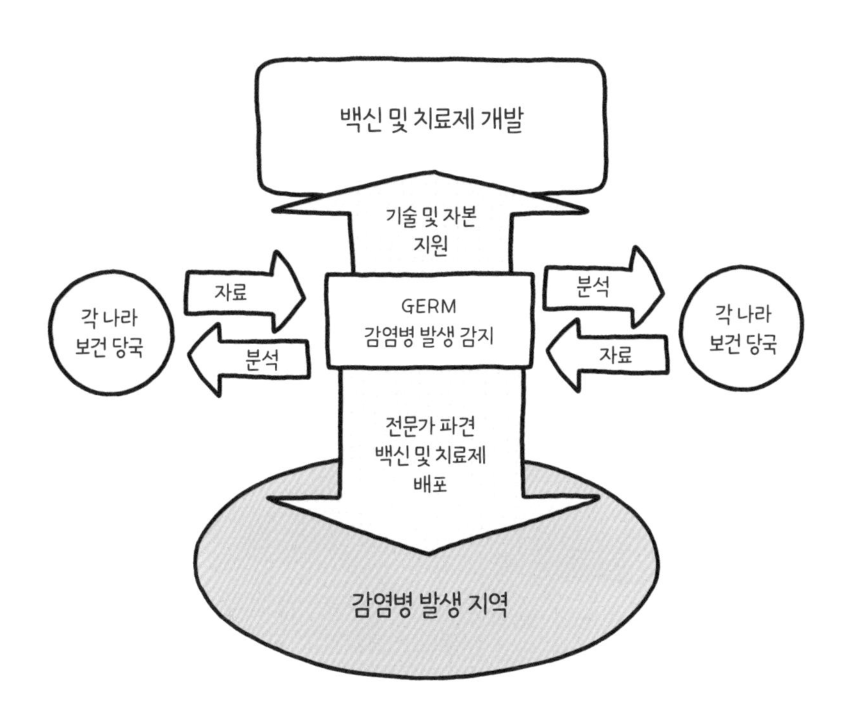

그렇다면 다가올 팬데믹을 어디부터 준비하면 좋을까?
현재 우리를 괴롭히고 있는 감염병에 대한 대처부터
시작하는 게 좋지 않을까?
코로나19 팬데믹은 물러갔지만
여전히 감염병에 시달리는 나라가 많거든.

말라리아와 같은 감염병이 대표적이지.
말라리아는 매년 2억 명 이상이 감염돼,
50만 명 이상이 목숨을 잃는 감염병이야.
현재 가장 많은 사망자를 내는 감염병이지.
그런데 그 피해의 95%는 아프리카 29개국에서 일어나.
옆 지도에 짙은 주황색으로 표시된 나라들이야.
대부분 가난한 나라지.
그래서 의료 시설이 변변치 않고 위생 상태는 열악해.
그런데 남의 나라 일이라고 외면하면 될까?
많은 사람이 이 나라들을 여행하고 있는데?
이 나라들의 공항과 항만에는
끊임없이 비행기와 배가 드나드는데?

© CDC

게다가 기후변화로 기온은 계속 오르고 있어.

2024년 영국 스코틀랜드 글래스고대학교 연구팀은

스코틀랜드에 많은 모기가 서식하고 있다고 발표했어.

스코틀랜드에는 원래 모기가 없었는데,

기후변화로 스코틀랜드의 환경이 바뀐 거야!

연구팀은 이에 따라, 말라리아와 같은 감염병이

스코틀랜드에도 발생할 수 있다며 걱정했지.

말라리아를 옮기는 모기가 서식하기 좋은 환경이
점차 확대되고 있는 거야.
이런 상황에서 말라리아에 관심을 두지 않아도 될까?

에이즈의 예를 봐도 알 수 있어.
가난한 나라들에서 유행하는 감염병에 대해
관심을 두고 또 퇴치하기 위해 노력해야 함을!
에이즈는 원래 아프리카 일부 지역에서만 발생했어.
그래서 사람들은 잘 모르기도 하고 관심이 없었지.
그러던 질병이 이제는 전 세계로 퍼진 거야.

이처럼 지구 어느 나라에서든 감염병이 발생했다면
우리는 그 감염병에 관심을 두고
더 나아가 감염병 퇴치에 힘을 기울여야 해.
그건 그 나라만을 위한 관심과 노력이 아니라,
우리 모두를 위한 관심과 노력이니까.
그리고 그런 관심과 노력은 감염병 퇴치뿐만 아니라
인류 모두의 안전과 번영에 이바지할 거야.

가난한 나라의 감염병 퇴치에 힘을 기울인다는 건

결국 그 나라의 위생 상태를 개선하고

그 나라의 의료 수준을 높이는 거야.

위생 상태가 개선되고 의료 수준이 높아지면

감염병에 걸리는 사람들이 줄어들 거고

감염병에 쓰는 돈도 그만큼 줄어들겠지.

그 자원이 그 나라 사람의 교육과 경제에 투입된다면

그 나라는 지금보다 훨씬 잘살 수 있게 될 거야.

가난한 나라의 감염병 퇴치가 그 나라의 경제 발전을 이끌어

사람들의 삶의 질 향상으로 나타나는 거지.

감염병에 대한 대응이
이 세상 모든 사람이 힘을 합치는
계기가 될 수도 있겠네!

Check it up 3 역사

뜻밖의 선물

14세기, 흑사병이 유럽을 휩쓸었다고 했지?

이때 유럽 인구의 30~60%가 목숨을 잃었을 거라고 하고.

사람들이 이렇게 죽어 나가니, 기존 사회 제도가 뿌리째 흔들렸어.

14세기 유럽은 봉건제 사회였어.

왕과 귀족이 '농노'라고 불리던 농민들을 노예처럼 부리던 사회야.

농노들은 왕과 귀족의 땅에서 농사를 지었지.

왕과 귀족들은 농노들이 지은 농산물로 부를 축적했어.

그런데 흑사병이 돌아 농노들이 사라졌어!

농노가 사라지니 왕과 귀족들도 몰락할 수밖에 없었어.

농사를 지어 농산물을 바칠 사람이 없으니 어떻게 부를 축적해!

이런 상황은 사람을 귀하게 보는 계기가 되었어.

사람들이 많을 때는 사람이 귀한 줄 몰랐는데

사람들이 사라지니 사람이 얼마나 귀한 존재인가 생각하게 된 거야.

사람이 귀하게 생각되니, 생각도 사람 중심으로 하게 되었어.

이전까지는 종교, 교회가 중심이었거든.

사람을 중심으로 생각하는 사고방식 혹은 사고 체계를

인문주의 혹은 인본주의라고 해.

ⓒ Wikimedia

인본주의와 르네상스

인본주의는 르네상스 시대를 열었어. 르네상스란 문예부흥이란 뜻으로, 신 중심의 중세에서 고대 인간 중심의 문화를 부흥시키려는 움직임이었어. 예술가들은 고대의 신화를 모티브로 작품을 창작하고, 그 안에 인간의 아름다움을 보여 주었어. 미켈란젤로, 다 빈치가 활동한 시기가 이때였어. 위 그림은 역시 르네상스 시대를 대표하는 화가 보티첼리의 <비너스의 탄생>이야.

인문주의는 세속적이고 현실적인 문제에 주목했어.

이전에는 모든 생활의 중심이 종교와 그와 관련된 문제였지만

인문주의가 발달하면서 사람들이 살아가는 데 필요한 실제적인 문제

즉 정치와 경제, 교육, 예술과 같은 문제에 주목한 거야.

특히 교육의 중요성을 강조했어.

교육이 밑받침되어야 다른 분야도 발전할 수 있잖아?

그리고 교육은 과학적 탐구와 비판적 사고의 발전을 촉진했지.

이는 17세기 계몽주의 발달로 이어졌어.

이전까지는 신의 뜻을 찾고

그 뜻에 따라 살아야 한다고 생각했지만

이제는 인간의 이성을 통해 생각하고 판단하려 한 거야.

계몽주의는 한마디로 인간 이성의 힘을 강조하며,

사회적, 정치적 개혁을 추구하는 사상적 운동이었어.

계몽주의자들은 신분제와 절대 군주제를 비판하고,

평등하고 자유로운 사회를 구축해야 한다고 주장했어.

그들의 주장은 프랑스 혁명과 미국 독립 혁명에 큰 영향을 미쳤고,

이 혁명들을 통해 자유와 평등의 사상은 널리 전파됐어.

흑사병은 또한 기술의 발전에도 큰 역할을 했어.
중세 시대에는 기술의 발전이 그리 두드러지지 않았어.
농노를 노예처럼 부릴 수 있으니
웬만한 일은 다 사람의 힘으로 해결한 거야.
그런데 흑사병으로 일할 사람들이 없으니
사람 대신 일할 기계를 만들어야 했어!

이처럼 흑사병은 유럽 사회에 엄청난 혼란과 변화를 초래했지만,
이를 통해 인문주의, 르네상스 예술, 계몽주의와 같은
중요한 사상적, 문화적 발전을 이루는 계기가 됐어.
그리고 과학혁명과 기술 혁신의 출발점이 됐지.

코로나19 팬데믹 역시 우리에게 부정적인 영향만 준 게 아니야.
코로나19 팬데믹을 거치며
우리는 무엇보다도 '협력'과 '공동 대응'의 필요성을 느꼈어.
코로나19 덕분에 인류 전체가 하나의 운명임을
다시금 깨닫게 된 거지.

코로나19는 우리의 노동과 교육 방법에 대해서도
다시 생각해 보게 했어.
한 공간에 모여 일을 하고 한 교실에 모여 교육을 받던 사람들이
감염병으로 온라인을 활용해 일하고 공부하는 경험을 하게 됐지.
이를 통해 출퇴근 시간 혹은 통학 시간이 단축되고
근무 환경 혹은 수업 환경이 유연해지면
생산성 및 교육 효과가 높아질 수 있음을 경험했어.
그 경험으로 잠재되어 있던 새로운 디지털 기술과
그 기술을 통해 새로운 시장이 열릴 수 있음도 깨닫게 되었어.

대표적인 게 메타버스와 관련된 기술이야.
메타버스는 온라인상에 현실과 같은 가상현실을 구축해
그 안에서 사람들이 소통하는 가상 세계야.
코로나19 팬데믹 상황에서
몇몇 메타버스가 사람들 앞에 선보였지.
사람들은 지금 스마트폰을 이용해 SNS로 소통하지만
앞으로는 메타버스를 통해 소통하게 될 거야.
그래서 많은 기업이 이를 위한 기술 개발을 서두르고 있지.
코로나19 팬데믹이 기술 개발을 촉진시킨 거야.

코로나19와 메타버스

코로나19를 통해 메타버스라는 기술이 사람들에게 친근해졌어.
메타버스는 사진처럼 쓰는 형태의 기기를 이용할 것으로 보이는데,
이런 기기가 사용되면 어쩌면 스마트폰이 사라질지도 몰라.
스마트폰이 없는 세상, 상상돼?

코로나19 팬데믹은 우리에게 환경의 중요성을 일깨우기도 했어.

팬데믹 동안 산업 활동의 감소와 이동 제한으로

전 세계적으로 자연환경이 일시적으로 회복됐어.

많은 사람이 깨끗해진 공기와 맑은 물을 경험하면서

환경 보호의 필요성을 절감한 거야.

이런 체험이 탄소 배출 감소를 위한 정책 강화와

재생 에너지 사용을 확대하는 동력이 될 수 있지 않을까?

이처럼 코로나19 팬데믹은

우리에게 새로운 경험과 뜻밖의 깨달음을 얻게 해 주었어.

이를 잘 기억하고 활용한다면

코로나19 팬데믹은 인류의 끔찍한 경험이 아니라

인류의 한단계 더 성장하는 계기와

그로 인해 우리 사회가 더욱

발전하는 기반이 될 수 있을 거야.

Another Round

우리는 Next Level!

이 책을 보고 팬데믹과 백신에 대해 어떤 시각을 갖게 됐는지

그래픽 오거나이저Graphic Organizer로 표현해 보자!

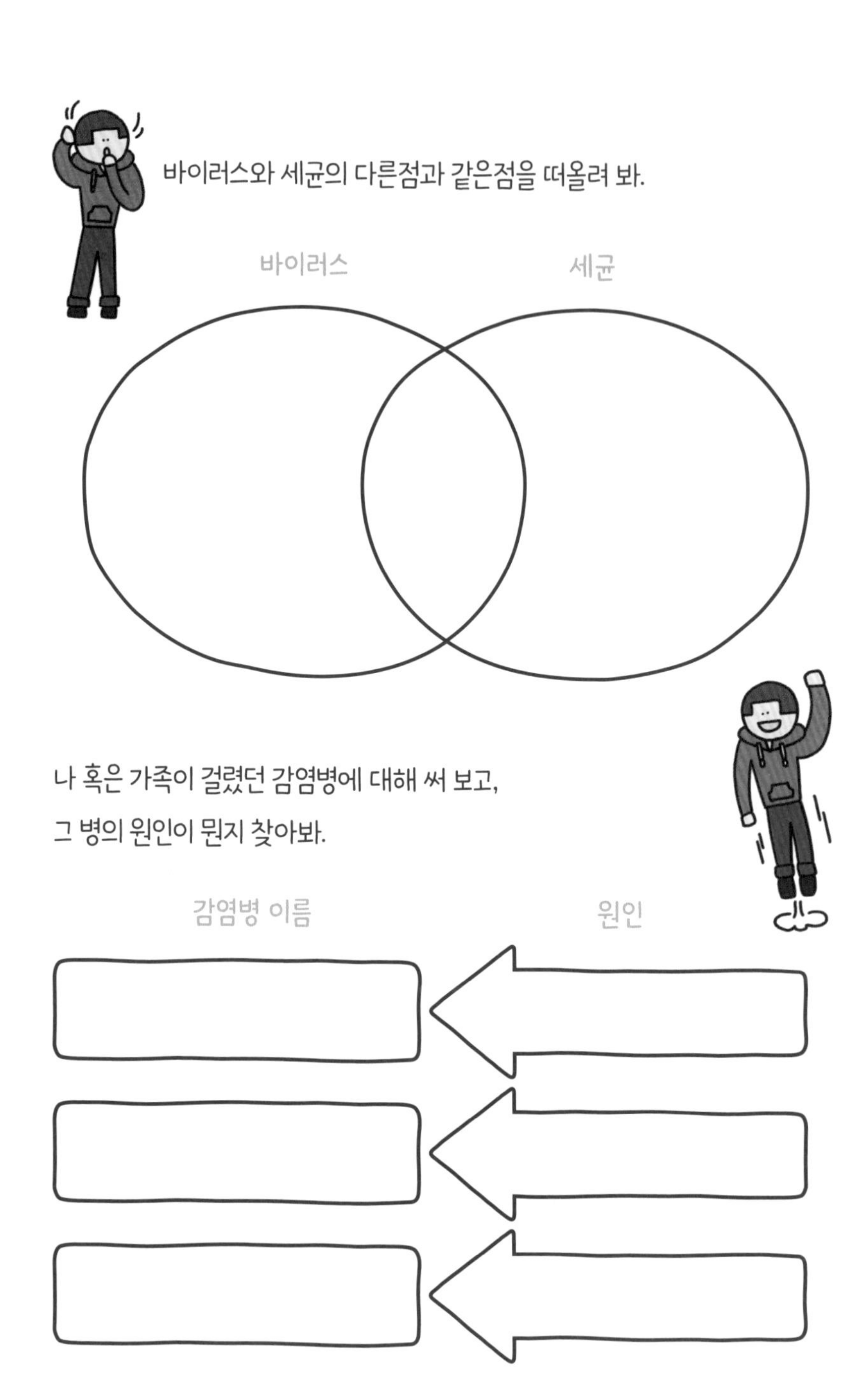
바이러스와 세균의 다른점과 같은점을 떠올려 봐.
바이러스
세균
나 혹은 가족이 걸렸던 감염병에 대해 써 보고,
그 병의 원인이 뭔지 찾아봐.
감염병 이름
원인

팬데믹이 또 왔을 때, 그 팬데믹을 끝낼 방법을 생각해 봐.

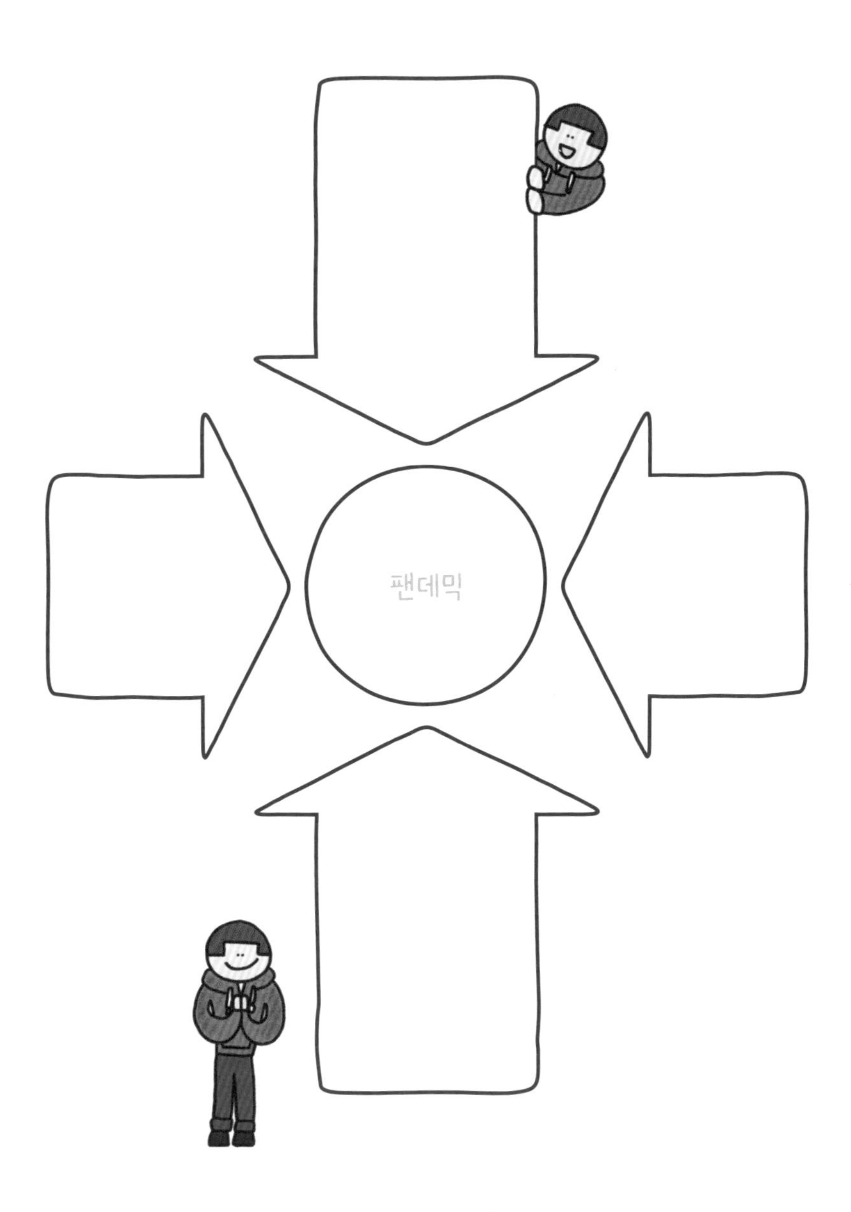

글 김응빈·최향숙 **그림** 젠틀멜로우

초판 1쇄 펴낸 날 2024년 11월 29일
기획 CASA LIBRO **편집장** 한해숙 **편집** 신경아 **디자인 포맷** 최성수, 이이환 **디자인** 퍼플페이퍼
마케팅 박영준, 한지훈 **홍보** 정보영 **경영지원** 김효순
펴낸이 조은희 **펴낸곳** ㈜한솔수북 **출판등록** 제2013-000276호
주소 03996 서울시 마포구 월드컵로 96 영훈빌딩 5층
전화 02-2001-5822(편집), 02-2001-5828(영업) **전송** 02-2060-0108
전자우편 isoobook@eduhansol.co.kr **블로그** blog.naver.com/hsoobook
인스타그램 soobook2 **페이스북** soobook2
ISBN 979-11-93494-91-2, 979-11-93494-29-5(세트)

어린이제품안전특별법에 의한 제품 표시
품명 도서 | 사용연령 만 7세 이상 | 제조국 대한민국 | 제조사명 (주)한솔수북 | 제조년월 2024년 11월

큐알 코드를 찍어서
독자 참여 신청을 하시면
선물을 보내 드립니다.

야무진 10대를 위한 미래 가이드

넥스트 레벨은 계속됩니다.

❶ **인공지능**
조성배·최향숙 지음

❷ **메타버스**
원종우·최향숙 지음

❸ **우주 탐사**
이정모·최향숙 지음

❹ **자율 주행**
서승우·최향숙 지음

❺ **로봇**
한재권·최향숙 지음

❻ **기후위기와 에너지**
곽지혜·최향숙 지음

❼ **팬데믹과 백신 전쟁**
김응빈·최향숙 지음

❽ **뇌과학** (근간)
김무웅·최향숙 지음

❾ **생명공학** (근간)
홍석준·최향숙 지음

❿ **과학 혁명** (근간)